腦力密集產業的
人才管理之道

Peopleware

Productive Projects and Teams, 3rd. Edition

專案、生產力、團隊的有效提升

經典
紀念版

Tom DeMarco 湯姆・狄馬克、Timothy Lister 提摩西・李斯特 ── 著

方亞瀾、錢一一 ── 譯

經營管理 120

Peopleware
腦力密集產業的人才管理之道（經典紀念版）

作　　　者	湯姆‧狄馬克（Tom DeMarco）、
	提摩西‧李斯特（Timothy Lister）
譯　　　者	方亞瀾、錢一一
責 任 編 輯	林博華
行 銷 業 務	劉順眾、顏宏紋、李君宜

總　編　輯	林博華
發　行　人	凃玉雲
出　　　版	經濟新潮社
	104台北市中山區民生東路二段141號5樓
	電話：(02) 2500-7696　傳真：(02) 2500-1955
	經濟新潮社部落格：http://ecocite.pixnet.net
發　　　行	英屬蓋曼群島商家庭傳媒股份有限公司城邦分公司
	104台北市中山區民生東路二段141號11樓
	客服服務專線：02-25007718；25007719
	24小時傳真專線：02-25001990；25001991
	服務時間：週一至週五上午09:30~12:00；下午13:30~17:00
	劃撥帳號：19863813　戶名：書虫股份有限公司
	讀者服務信箱：service@readingclub.com.tw
香港發行所	城邦（香港）出版集團有限公司
	香港灣仔駱克道193號東超商業中心1樓
	電話：(852) 25086231　傳真：(852) 25789337
	E-mail: hkcite@biznetvigator.com
馬新發行所	城邦（馬新）出版集團 Cite (M) Sdn Bhd
	41, Jalan Radin Anum, Bandar Baru Sri Petaling,
	57000 Kuala Lumpur, Malaysia.
	電話：(603) 90578822　傳真：(603) 90576622
	E-mail: cite@cite.com.my
印　　　刷	一展彩色製版有限公司
初 版 一 刷	2014年12月23日
二 版 一 刷	2020年10月15日

城邦讀書花園
www.cite.com.tw

ISBN：978-986-99162-4-0　　　　　　　　　版權所有‧翻印必究

定價：460元　　　　　　　　　　　　　　Printed in Taiwan

〈出版緣起〉
我們在商業性、全球化的世界中生活

經濟新潮社編輯部

跨入二十一世紀，放眼這個世界，不能不感到這是「全球化」及「商業力量無遠弗屆」的時代。隨著資訊科技的進步、網路的普及，我們可以輕鬆地和認識或不認識的朋友交流；同時，企業巨人在我們日常生活中所扮演的角色，也是日益重要，甚至不可或缺。

在這樣的背景下，我們可以說，無論是企業或個人，都面臨了巨大的挑戰與無限的機會。

本著「以人為本位，在商業性、全球化的世界中生活」為宗旨，我們成立了「經濟新潮社」，以探索未來的經營管理、經濟趨勢、投資理財為目標，使讀者能更快掌握時代的脈動，抓住最新的趨勢，並在全球化的世界裏，過更人性的生活。

之所以選擇「**經營管理—經濟趨勢—投資理財**」為主要目標，其實包含了我們的關注：「經營管理」是企業體（或非營利組織）的成長與永續之道；「投資理財」是個人的安身之道；而「經濟趨勢」則是會影響這兩者的變數。綜合來看，可以涵蓋我們所關注的「個人生活」和「組織生活」這兩個面向。

這也可以說明我們命名為「**經濟新潮**」的緣由─因為經濟狀況變化萬千，最終還是群眾心理的反映，離不開「人」的因素；這也是我們「以人為本位」的初衷。

　　手機廣告裏有一句名言：「科技始終來自人性。」我們倒期待「商業始終來自人性」，並努力在往後的編輯與出版的過程中實踐。

偉大的歐茲說話了
不必理會幕後的那個人
偉大的歐茲說話了

　　　　　　——《綠野仙蹤》

獻給我們所有的朋友與同事
是他們讓我們知道
該如何不必理會幕後的那個人

中文版序

回顧我們的 Peopleware 專案，至今也將近三十個年頭了。剛開始的時候，那還是個沒有 Google、沒有網際網路的世界，蘋果公司正努力生產蘋果二號（Apple II），一種用起來頗為麻煩、計算能力相對偏弱、以命令列為主的電腦。

一切都起因於我們的研究：就專案成敗而言，當時大家在軟體開發上所醉心的純技術問題，是否還不及某些社會性因素來得重要？這就是提姆（Tim）和我著手調查的題目，調查成果就是 1987 年首次出版的書，從此以後，這本書就不斷地再版。

隨著本書的演進，提姆和我也有若干演進：從原本懷著一份革命性見解的兩位年輕作者，變成已至垂暮之年、白髮蒼蒼，寫下了一本本有關團隊、風險管理、組織行為模式等諸多不同主題書籍的老作者。不過，時至今日，大家看到我們的名字，首先聯想到的還是《Peopleware》，本書當年的革命性概念，如今已是普遍認知的簡單事實：開發工作的社會性的動態學，往往是促使專案成功的關鍵，幾乎比所有專案中所採用的純技術還要關鍵。

也是在這段期間，華人地區的電子計算有著爆炸性的成長，假如你是 1987 年出社會，在華人世界選擇走軟體這一行，算是小塊的利基市場，但同樣的選擇在今天，卻可讓你走在主流產業的最前端，隨

著一年年過去，這個行業的重要性有增無減。

　　由於《Peopleware》所談的內容與社會和文化息息相關，我們不敢奢望這份理念能從我們所處的社會和文化，原封不動地搬到你所處的社會和文化。本書先前的中文版所發揮的影響，必須歸功於譯者，特別是負責第二版和此處第三版的錢一一先生，感謝他，也感謝身為中文讀者的您，肯去探究一些對您有益的異國見解，並運用在工作上──帶著我們的祝福──去成就屬於您自己的成功。

　　　　　　　　　　　　　　　　　　──湯姆·狄馬克
　　　　　　　　　　　　　　緬因州坎登（Camden, Maine）

　　　　　　　　　　　　　　　　　　　　2014年6月

Preface to the Chinese Edition

What we think of as our Peopleware Project is now nearly thirty years old. It began in a world with no Google, no internet, and an Apple Computer company that was struggling to produce the Apple II, an awkward, relatively powerless, command-line computer.

The beginning for us was research: Tim and I set out to investigate the idea that the purely technological matters that obsessed us in those days as we went about software development might be less essential to a project's success than some of the project's sociological factors. The resultant book was published in a first edition 1987. And then it was republished and republished again.

As the book evolved Tim and I evolved a bit too: we went from being young authors with one revolutionary idea to considerably older, grayer authors with a string of books on subjects as diverse as teams, risk management and organizational patterns. But our names today are more associated with *Peopleware* than anything else. The book's once revolutionary concept is recognized today as simple fact: the social dynamics of a development effort are often what makes a project successful, more often than almost any of the purely technological skills that the project deploys along the way.

During this same period, virtually the entire explosion of computing in China took place. Had you come of age in China in 1987, choosing a career in software would have placed you in a minor niche. Today it places you in the forefront of a major industry, one that grows in importance with every passing year.

Since *Peopleware* is all about social and cultural matters, it is with great temerity that we hope for it to survive and retain its meaning as it passes from our society and culture into yours. The impact *Peopleware* has had in its first two Chinese editions is a credit to its translators. In particular it is a credit to Bill Chien who translated the second edition and now takes on the third. Thanks to Bill and thanks to you, our Chinese reader, as well for being willing to explore some positively foreign ideas and put them to work — we hope — to achieve your own success.

Tom DeMarco

Camden, Maine

目錄

前言

到底「Peopleware」專案是怎麼產生的？三十多年前，我們一起從洛杉磯飛到雪梨，要去講授軟體工程的系列課程。在橫越太平洋的漫漫長夜中，我們都睡不著，於是整夜都在討論我們當時所負責，或因客戶的關係而接觸的案子，話題圍繞在嚴重的系統複雜性。我們之中有一個人──已不記得是誰──把討論的內容做了一番整理，並下了一個註腳：「或許⋯⋯系統運作的主要問題，技術性的成分還沒有社會性的成分來得多。」

這個結論，過了好一會兒才被接受，因為這跟以往我們所想的完全不同。我們，以及同在高科技產業奮鬥的每個人，都深信技術就是一切，不管什麼問題，都一定可以用更好的技術來解決。然而，要是所面臨的問題根本是社會性的（sociological），那麼，更好的技術似乎就幫不上忙。例如，一群人工作在一起，卻彼此不信任，即使有很棒的軟體或工具，也起不了作用。

這個想法一搬上檯面，我們就開始尋找範例，很快就非常清楚，在我們大部分已知的專案中，社會性的複雜完全阻礙了所有真正要克服的技術挑戰。此外，我們也面對一個惱人的事實：儘管內心深處，可能早就明白社會性的問題比技術性還大，我們兩個都不曾基於這樣的觀點來從事管理。沒錯，我們有時會用一些措施，來幫助團隊更加

13

合作，或釋放團隊的壓力，但這些作為，似乎從來沒有完全融入到工作中。

假如早一點認清人性面比技術面影響還大，我們會採取怎樣不同的管理方式呢？我們開始列出清單，利用手邊的馬克筆和透明膠片，把一部分清單內容加到投影片上，很輕率地就想著把這些點子實際呈現給雪梨的聽眾們。管他的！不論在美國或歐洲，雪梨都遠在半個地球之外，假如我們在澳洲搞砸了，回家後誰會知道？

隔週，雪梨的聽眾馬上就被Peopleware的素材所吸引，並且帶有一點懊惱（顯然我們倆不是唯一以為光靠技術就可以管理的人），最棒的是，他們又補充了很多自身的例子，我們樂得引用。

從早期的海外嘗試到1987年本書初版問世，之間的差別，就在於後者累積了大量的工作調查和實證研究，這一切都是為了確認在工作環境的影響方面，哪些只是猜測（本書的第二部），以及，為了證實在團隊的動態學和溝通方面，我們所提出的一些較為激進的建議（本書的其他部分）。

拜《Peopleware》前兩版之賜，我們成了情報交換中心，匯集了許多技術專案中屬於人性面的想法，也因此督促我們必須持續擴展自身的想法。在這個第三版的新章節中，探討了以往不認為是問題的領導問題、會議文化、由看似格格不入的不同世代所組成的混合團隊，以及一個逐漸為大家所認清的事實，也就是我們最常用的工具不見得是助力，可能反而是阻力。

第三版的編輯和製作，歸功於Dorset House的Wendy Eakin和Addison-Wesley的Peter Gordon，同時，也要感謝我們大西洋系統協會長期共事的夥伴——Peter Hruschka、Steve McMenamin、James

Robertson 與 Suzanne Robertson ——為這三十年來的構想、腦力激盪、爭論、共餐，和友誼。

——湯姆·狄馬克

緬因州坎登（Camden, Maine）

——提摩西·李斯特

紐約州紐約市（New York, New York）

2013 年 2 月

第一部
管理人力資源

身為管理者，我們大多數人都很容易犯一種特別的毛病：傾向於把人當成零件來管理。之所以會有這種傾向，其實顯而易見，想想我們在從事管理工作之前所做的準備——我們被評選為管理人才，是因為我們稱職地扮演了執行者、技術專家和開發人員的角色；我們通常做的就是把資源組織好，然後放進模組零件中，像是軟體副程式、迴路或其他工作單元；我們所建構的模組被創作成具備黑箱特徵，於是可以安全地忽略其內在特質；它們被設計成透過標準介面來使用。

由於多年來對模組方法的倚賴，新上任的管理者便突發奇想，試圖以同樣的方式來管理人力資源。很不幸，這不適用。

在第一部分，我們要開始探討一種完全不同的看待人與管理人的思維，一種特別適應於人力資源中非模組特徵的思維。

1
當下，有個專案即將失敗

打從電腦被廣泛運用以來，程式設計師大概已寫過成千上萬個應收帳款程式，當你在看這段文字時，恐怕就有十多個，或更多應收帳款專案正在進行，而此時某處，其中的一個專案即將失敗。

想像一下！一個根本用不著技術創新的專案就要完蛋了。應收帳款已是寫到爛的程式，很多老手閉著眼都能寫出來，但這些案子有時弄到最後還是失敗。

假設你奉命針對其中某個失敗的案子進行徹底檢討（當然，現實不會發生這種事，因為禁止檢討失敗是不可違背的業界標準），假設在所有參與專案的人忙著掩飾真相之前，你有機會搞清楚究竟出了什麼差錯，你會發現，專案失敗絕不是出在技術問題上。甚至可以說，這方面的工藝水準已非常進步，應收帳款系統在技術上絕對可行，所以問題一定出在別的地方。

在我們的 Peopleware 專案的頭十年，我們每年都會對開發專案及其結果進行調查，包括估量專案的規模、成本、瑕疵、加速因素，以及在達成進度上的成敗。最後，我們累積了五百多個專案歷史資料，它們全部來自於真實世界的開發心血。

據我們觀察，大約15%的專案會成為泡影：不是被取消、放棄、「延期」，就是其成品從未被使用。專案規模越大，勝算越渺茫，持續二十五個工作年以上的專案，有整整四分之一沒有完成。在早期的調查中，我們都把失敗專案的數據丟掉，只分析其他成功的專案，但自1979年起，我們開始接觸失敗專案的人員，以了解問題出在哪裡。結果發現，我們所研究的失敗專案中，絕大部分無法以單一技術問題來解釋其失敗。

遊戲的名稱

我們的調查對象最常提到的失敗原因，就是「政治」因素，不過，這似乎是一個被過度濫用的字眼，它隱含了一連串與「政治」無關或只稍微相關的議題，像是溝通問題、人員編制問題、失去老闆或客戶的寵愛、缺乏激勵，以及高離職率。一般人往往把與人有關的工作層面都以政治一詞稱之，但其實還有另一個更貼切的詞彙：這些與人有關的議題構成了專案的社會學（sociology）。真正的政治問題，只是眾多病態中的一小部分。

倘若你認定某個問題本質上就是政治問題，自然就會對該問題抱持宿命的觀點。你確信自己可以面對任何技術挑戰，但老實說，有誰在政治領域中還能充滿自信？把問題界定為社會性而非政治性問題，情況會變得比較容易駕馭，或許專案與團隊的社會學稍微偏離了你的專業領域，但起碼未超出你的能力範圍。

無論怎麼稱呼這些與人相關的問題，比起你在下一個案子必須處理的設計、實作、方法論上的議題，人的問題更可能讓你碰上麻煩。

事實上，這正是這整本書的主要論點：

> **我們在工作中所面臨的，在本質上，主要都是社會性（sociological）的問題，而非技術性（technological）的問題。**

　　大部分管理者應該都同意，他們對人的憂慮遠多於對技術的憂慮，但在管理時卻又是另一回事，他們主要關切的還是技術，把時間、精神花在最複雜、最有趣的謎題上，這些工作本該由部屬負責，自己只要去管理即可，卻彷彿非得親自去做不行。他們永遠在追尋可望讓工作自動化的技術絕招（請參考第6章，「苦杏仁素」），對於職責中越是以人為主的層面，卻越不關心。

　　這種現象有部分肇因於管理者的養成方式，他們所受的訓練是如何做好工作，而非如何管理工作。幾乎沒有一家公司的新經理人是因為做了能突顯其管理能力或天份的事而成為新經理人，他們很少具備管理的實務與經驗。那麼，這些新經理人是如何成功說服自己，可以很放心地把大把時間花在思考技術，卻很少或根本不顧人的問題呢？

高科技幻覺

　　答案可能是所謂的「高科技幻覺」（high-tech illusion）：只要與新科技沾上邊的人（我們有誰不是呢？）所普遍秉持的一種自以為身處於高科技產業的信念。這些人沉湎於高科技幻覺，以致於在雞尾酒會上經常自稱是「做電腦的」、「搞電子通訊的」或「從事電子金融交易」，暗示他們是高科技的一份子，但說出來可別張揚出去，這些人通常不是，在上述領域中開創突破的研發人員才是，其他人只是研發

成果的應用者。我們應用電腦和其他新科技來開發產品或籌畫業務，並經常透過團隊、專案以及其他緊密結合的工作小組來完成工作，是故，我們身處的應該是人際溝通產業，工作的成功來自於所有團隊成員的良好人際互動，失敗則肇因於不良的人際互動。

　　一般人之所以傾向於著重在工作的技術層面，而非人際層面，並非技術層面比較重要，而是技術層面的問題比較容易解決。相對於搞清楚老何為什麼很沮喪，或蘇珊為什麼才上班幾個月就對公司不滿，安裝新磁碟驅動程式顯然容易多了。人際互動很複雜，效果也非三言兩語所能道盡，然而其重要性往往凌駕於其他工作層面。

　　如果你所關注的焦點是在技術，而非社會學，那就好像一個雜耍小丑，在暗巷裡弄丟了鑰匙，卻忙著在隔壁一條街上尋找，還解釋說：「這裡比較亮。」

2
做起司漢堡，賣起司漢堡

開發工作在本質上就跟產品製造不同，但從事開發工作的經理人，其思維還是常常承襲了製造業的管理哲學。

假如你是當地一家速食連鎖店的經理人，採取以下促進生產力的措施就顯得相當合理：

- 絕不容許錯誤，盡量讓機器（人力機器）的運作平穩順暢。
- 嚴禁員工上班時間打混摸魚。
- 將員工視為可替換的機器零件。
- 盡可能維持穩定狀態（甚至不准思考如何運作得更快，或怎麼停下來）。
- 程序標準化，一切都按規矩來。
- 不必實驗──那是總部的人該做的事。

倘若你從事的是速食業（或任何製造業），以上做法相當合理，但你不是。把「做起司漢堡，賣起司漢堡」的心態帶到開發領域，後果恐怕不堪設想，不但打擊部屬士氣，還會使他們不再專注於手邊真正的問題，這種管理風格與開發工作完全格格不入。

　　要有效管理腦力工作者，就必須採取與上述幾乎相反的措施，接下來便是我們提供的相反方案。

允許犯錯

　　對大多數腦力工作者而言，偶爾犯錯是工作中既自然又健康的一部分，但卻經常與聖經裡所講的罪惡劃上等號，這個心態要費很大的功夫才能改變。

　　我們曾透過演講向一群軟體經理人介紹所謂的反覆設計（iterative design）策略，其概念主張應將體質上先天不良的設計予以捨棄，而非修復。在從事設計時，會走入死胡同是可被預期的，死胡同是為了換取新設計乾淨、清爽的小代價，但我們很驚訝，很多經理人覺得此舉是向老闆提出一個不可置信的政治問題：「我們怎麼能把公司花了錢做出來的產品丟掉？」這些經理人似乎相信，最好還是去搶救瑕疵產品，儘管到頭來有可能浪費更多錢。

　　醞釀不容許出錯的氣氛，只會使人產生防衛心理，不再敢嘗試可能導致不良後果的事。當你嘗試將流程系統化，引進嚴苛的方法論（methodology），使部屬為了避免犯錯而無法做出任何重要決策，便助長了這種防衛心理。你為禁止犯錯所採取的措施，或許能提升一點點技術水平，但團隊社會學將深受其害。

　　相反的做法就是鼓勵犯錯，偶爾不妨問問部屬曾經走過哪些死胡同，並讓他們知道「一個也沒有」並非最佳答案。要是有人對死胡同津津樂道，請恭喜他——這正是公司看中他的原因之一。

管理：膚淺的定義

管理很複雜，以致於很難給它下一個簡單的定義，不過，我們在倫敦一場專業協會會議上遇到一位資深經理人，他倒是把這一切看得很單純，並用一句簡單的話總結了他的想法：「管理就是踢屁股。」這相當於說，管理者負責所有思考，底下的人只需照辦。這對製造起司漢堡也許可行，但對靠腦力而非勞力工作的人卻行不通，在這種環境裡的人必須讓腦子運轉順暢，踢他屁股或許能讓他動一動，卻無法促使他發揮創意、發明與思考。

就算踢屁股真能提升短期生產力，長遠來看卻可能沒什麼用：對任何員工來說，自己的衝勁已低到得靠上司助其一「腿」之力，再沒有比這種感覺更令人洩氣的了。

踢屁股管理最大的悲哀，在於根本多此一舉。你很少需要採取嚴厲手段才能讓部屬工作下去，因為大部分的人都熱愛他們的工作，甚至你有時還得想辦法讓他們少做一些，以便完成更多有意義的事（細節請參考第3章〈維也納等著你〉）。

人力商店

在製造業，把人看成機器零件是合宜的，有零件損壞時，就換上另一個，新舊零件可以互換，經理人按照編號訂購數量不一的零件。

許多開發經理也採取相同的態度，他們極力說服自己，沒有人是不可被取代的，正因為擔心某位關鍵人物會離開，便強迫自己相信根本沒有關鍵人物這回事。畢竟，管理的精髓不就是無論誰加入或離

開，都保證工作可以繼續下去嗎？這種心態就好像世上有所謂的神奇人力商店，讓他們可以隨時抓起電話：「給我一個新的王小明，而且是不那麼臭屁的王小明。」

> 我有個客戶跟一位表現優異的員工進行薪資檢討時，很驚訝這傢伙要的竟然不是錢，他說，他經常在家裡萌生靈感，但他電腦的上網速度真是慢到令人受不了，不曉得公司可不可以拉一條專線到他家裡，買給他一台高性能工作站？公司當然可以。接下來的幾年，該公司甚至為這傢伙打造了一間小型居家辦公室。不過，我這位客戶的情況是特例，我不曉得欠缺觀察力的管理者面對這種事會怎麼做，畢竟，部屬伸張其獨特性的舉動往往被管理者視為一大威脅。
>
> ——李斯特

　　以下便是一個欠缺觀察力的管理者範例，這位主管表現出對部屬的獨特性倍感威脅的鮮明特徵：他有一位非常有才華的員工，這位員工一年到頭都在拜訪客戶，幾乎可說是靠差旅費過活。經分析該員工的支出報告，顯示其餐飲花費比其他出差的人高出甚多，多了50%以上，於是，這位主管在公開備忘錄上憤慨地將這位員工稱之為「食物罪犯」。而今，該員工的總支出並未超支，他要是在食物上花了太多錢，就會在其他方面少花一點，他並沒有比別人花費更多，只是很與眾不同。

　　對盲目採行製造業管理風格的經理人來說，員工的獨特性一直是很討人厭的事，相反地，真正會用人的經理人則了解，獨特性會讓專案起更活潑而有效的化學作用，是需要培養的東西。

處於穩定狀態的專案就是死專案

穩定狀態的製造思維特別不適用於專案作業，我們很容易就忘記專案的最終目的就是終結自己，專案周期中唯一的穩定狀態就是死亡，除非你負責的是已被取消或即將取消的專案，否則應該把整個專案管理的焦點放在開發工作的動力（dynamics）上。然而，當我們在評估人對於新專案有多少價值的時候，通常根據的是人的穩定狀態特質：能寫出多少程式，或能產出多少文件。我們鮮少關心每一個個體在融入整個開發工作時，能有多契合。

> 幾年前，我在某機構教授設計課程時，一位高階經理人把我拉到一旁，要我評估課堂上的某些人（他的專案組員）。他對其中一名女性特別好奇，顯然對此女心存疑慮：「我不認為她對專案有何貢獻──她在研發、測試或其他諸多方面的表現並不出色。」經過一番小調查，我做出了一項相當誘人的結論：此女任職該公司十二年，所參與的專案無一不是大大成功。她的貢獻並不明顯，但有她參與的專案一定會成功。我觀察她上課一週的表現，並跟她幾位同事聊過之後，得到她是絕佳催化劑（catalyst）的結論。有她在，團隊的凝聚力會更好，她會促進人際溝通與交流，有她參與的專案會更有趣。我試圖向那位高階經理人解釋此一概念，卻徒勞無功，他就是不認同催化劑角色對專案的重要性。
>
> ──狄馬克

催化劑之所以重要，在於計畫總是處於變動狀態。一個能促進專案凝聚力的人，比兩個純粹工作的人更有價值。

我們沒有時間思考工作，只有時間做工作

　　當你奉命完成一項工作時，你的時間有多少比例會用在實際去做這項工作呢？絕對不是百分之百。你應該會把一些時間用在腦力激盪（brainstorming）、調查新方法、想辦法避免做次要工作、閱讀、技能訓練，甚至打混。

　　我倆都認為，當年我們自己擔任經理人的時候，也都沒有把這件事做對，我們花太多時間去嘗試把事情做好，卻沒有足夠時間提出一個關鍵問題：「這件事真的該做嗎？」穩定狀態的起司漢堡思維，讓我們連嘴上說說關於工作的想法的時間都沒有，只知全心全意做事。若要為沒時間思考找藉口，則此藉口通常是時間壓力——但是難道有不受制於時間壓力而完成的工作嗎？

　　當風險升高時，多思考的重要性就大幅增加。遇到真正困難的工作，就必須學習以更少時間做事，而以更多時間思考工作本身。工作越艱險，團隊成員學習良好互動與相處融洽就越重要。如果專案訂了一個不可能達到的完成日期，那更不能不經常進行腦力激盪，甚至還得舉辦專案餐會或類似活動，以促進團隊成員更有效率地合作。

　　但這些都是天性，大家都知道，也會這麼做，是嗎？錯。我們一心一意做事，而只有不到5%的時間是花在規畫、調查新方法、訓練、讀書、預估、編預算、訂時程與安排人力（5%是來自於分析系統開發專案的結果，不過應該也適用於更廣泛的情況，甚至所有類型的受薪工作者）。

　　有關閱讀時間的統計，則特別令人洩氣：例如，許多軟體開發人員連一本關於自己工作主題的書都沒買過，更遑論是讀一本書了。這

對任何關心這個領域工作品質的人來說，顯然不可思議，至於對我們這種寫書的人來說，那更是悲慘。

3

維也納等著你

幾年前，我和南加州一個大型專案的經理交換實戰經驗，聽他講述在專案中把瘋狂的時間壓力加諸於部屬的效果。兩名組員的離婚可直接歸咎於超時工作；一名組員的小孩染上毒癮，原因可能出在孩子的爸一年來忙到無暇善盡親職；最後，測試小組的小組長精神崩潰。

隨著他不斷敘述這些可怕的經過，我開始明白，此人正以一種奇怪的方式在向我炫耀。你也許會懷疑，要是再有一兩個人離婚或自殺，這個專案就會大獲成功，至少在他眼中是如此。

——狄馬克

當人們在大談特談「聰明工作」（working smarter）的話題時，普遍都認為真實世界的管理就是如何讓人工作得更久、更賣力，並以大量犧牲員工的個人生活做為代價。經理人總愛吹噓部屬的加班時數，以及讓員工加更多班的祕訣。

西班牙理論

　　歷史學家很早就區分出各種不同的價值理論：其中之一的西班牙理論（Spanish Theory）認為存在於地球上的總價值是固定的，因此累積財富之道在於學習如何更有效地從土地或他人身上搾取；至於英格蘭理論（English Theory）則認為價值可透過發明和科技創造出來。因此，英國有工業革命，西班牙則大舉剝削新世界的土地與印第安人，他們跨海搬運大量黃金，然其努力得到的結果卻是嚴重的通貨膨脹（過多的黃金追逐過少的可用貨物）。

　　西班牙價值理論廣泛充斥於經理人心中，每當他們談到生產力時，你便會聽到西班牙理論。所謂生產力，應該指的是在一小時的工作時間內獲致更多成果，卻經常被曲解為在一小時的受薪時間中搾取更多工作量，這兩者的差異是很大的。主張西班牙理論的經理人夢想著透過簡單的無薪加班制度，就可以使生產力提升到新的等級，無論員工加多少班，他們計算生產力時，仍是將一週完成的工作除以四十個小時，而非實際工作的八、九十個小時。

　　這根本不是生產力——倒比較像詐欺——但卻是許多美國經理人的最新現況。他們威嚇哄騙部屬長時間工作，強調準時完工如何重要（就如他所說的那般重要好了，世界又不會因專案晚一個月完成就停止運轉），誘使部屬接受緊密到令人絕望的時程，使其愧疚到只好犧牲一切來追趕進度，竭盡所能地讓部屬工作得更久、更賣力。

來自家庭的訊息

在辦公室裡，雖然部屬們浸淫在「工作更久、更賣力」的教誨之中，但在家裡，他們接收到的卻是完全不同的訊息。家裡的訊息是：「生命從你身旁流逝，待洗衣物堆在櫃子裡滿滿都是，小孩沒人抱，愛人就要跑掉，生命的旋轉木馬只轉一圈，掌握機會只有一次，要是你把生命都奉獻給C++……」

你可知道，事實上是，

你可以得到你想要的，也可以坐等青春流逝，

你甚至可能還沒走到一半就要死去，

你何時才會明白……維也納等著你？

　　——《陌生人》（*The Stranger*）專輯，比利・喬（Billy Joel）

比利・喬歌詞中等著你的維也納，指的就是人生旅程的最後一站，一旦抵達維也納，一切就結束了，假如你認為專案成員從不擔心如此重要的事，請再想一想。其實部屬們都明白人生苦短，也很清楚世上還有許多比眼前的蠢工作更重要的事。

沒加班這回事

只有菜鳥經理人才會幻想領薪水的員工會願意超時工作。喔，為了趕在週一最後期限完工，週六多加幾個小時的班總有些幫助吧，然而，為了彌補所損失的個人生活，加班也往往伴隨著等量的補償性「打混摸魚」，每加一小時的班，就約莫換來打一小時的混，這種交換

在短期內或許能得到好處，但長期而言就很不划算。

　　放慢一點，你這瘋狂的孩子，

　　把話筒摘下，消失一陣子吧！

　　不要緊，損失一兩天沒什麼大不了，

　　你何時才會明白……維也納等著你？

　　抱持西班牙理論的經理人對無薪加班的時間視而不見（他們總把一週工時當四十小時來算，而不管部屬確實投入的時間），對打混摸魚的時間也同樣視而不見，講電話、聊天、休息，沒人會把這些打混摸魚的項目列在工時紀錄表，也沒人會真正工作四十小時以上，至少無法持續、腦力密集工作四十小時。

　　加班就像衝刺：跑馬拉松要為最後百米保留體力是有道理的，一開始拔腿狂奔只會浪費時間。經常強迫部屬衝刺的經理人，只會失去部屬的尊重。最優秀的員工早就看穿一切，當經理人吼著要在四月份完工時，他們懂得三緘其口，等著看好戲，只要有機會，就開始補償性的打混摸魚，到頭來每週真正在工作的還是四十小時。以上是最優秀員工的反應，至於其他人，則是工作狂。

工作狂

　　工作狂願意無條件加班，他們可以大量超時工作，不過，可能越做越沒效率。施予足夠的壓力，工作狂就會持續犧牲個人生活，但這不會太久，即使最虔誠的工作狂，遲早也會聽到以下訊息：

放慢一點，你做得很好了，

人生並非事事如你所願，

儘管人格分裂的今晚如此浪漫，

你何時才會明白……維也納等著你？

　　一旦他參透了這個觀念，專案結束後，你將永遠失去這名員工。當認清所為的是較不重要的價值（工作），而犧牲掉的卻是更重要的價值（親人、愛情、家庭、青春）時，後續的影響是毀滅性的，這位蒙在鼓裡犧牲的人會很想報復，他不會冷靜而親切地向老闆訴說以後必須有所改善——他會直接遞出辭呈，淪為另一個為工作油盡燈枯的例子。無論如何，他走了。

　　工作狂主義是一種病，但不像酗酒那樣只影響少數不幸的人。工作狂主義比較像一般的傷風感冒：每個人偶爾都會發病。我們在此談工作狂，目的並不在於討論其成因及治療，而是著重在更簡單的問題，亦即身為經理人的你，該如何對待你的工作狂部屬。要是用典型的西班牙理論徹底剝削他們，那麼你終究會失去他們，無論你有多企盼他們在工作時全力付出，也不能以犧牲其個人生活做為代價，為此損失一位好人並不值得。此一觀點已超越了狹隘的工作狂主義，下一個更為複雜的主題是有意義的生產力。

生產力：贏得戰役與輸掉戰爭

　　下回當你聽人談論生產力時，請仔細聆聽是否提到「員工離職率」（employee turnover）一詞。機會應該不大，我們多年來所聽過、

看過的生產力討論與上百篇相關文章，從未遇到哪位專家在這方面提及離職率，然而，若不同時討論這兩者，怎麼會有意義？一般組織在改善生產力時，通常考量的是：

- 壓迫員工投入更多時間工作
- 產品開發程序機械化
- 在產品的品質上妥協（下一章會有更詳盡的討論）
- 流程標準化

這些措施都有可能讓工作更無趣、更無法令人滿足，因此，改善生產力的過程係伴隨著員工另謀高就的風險。這並不是說一定得付出離職率的代價才能改善生產力，而是希望你在尋求提升生產力之際，應該將離職率納入考量，否則，你所得到的「改善」，可能會因為痛失關鍵人員而被抵銷掉。

大多數組織甚至沒有離職率的統計數據，實際上也沒有人能告訴你取代一位有經驗的員工得付出多少代價，然而，只要一談到生產力，離職率就好像不存在或不必付出代價，數據通用公司（Data General）的飛鷹計畫（Eagle Project）就是一例。該計畫是西班牙理論的一大勝利：為了將生產力推到前所未有的高峰，參與專案的工作狂們加了無數沒有加班費的班，當專案結束時，幾乎所有開發人員統統離職，這個代價是什麼？恐怕沒有方程式可以算出來。

生產力應該被定義為利潤除以成本。所謂利潤，就是看得到的節省開銷與工作完成得來的營收，至於成本，則是所有代價，包括替換任何一位被搾乾了的員工。

再談西班牙理論

> 早年，我曾為某個專案提供諮詢。因進展頗為順利，專案經理確信可以如期交貨。當她向管理委員會提報進度時，保證她所負責的產品可在最後期限完成，也就是當初預估的三月一日。在高階管理諸公們仔細咀嚼這個出人意料的好消息之後，隔天再度召見了這位專案經理，他們說，既然可以在三月一日準時交貨，即日起，該計畫的最後期限改為一月十五日。
>
> ── 李斯特

對奉行西班牙理論的管理者來說，可讓專案按進度完成的時程毫無價值，因為沒有給員工造成壓力。最好是訂出一個令人絕望的時程，以便從員工身上搾取更多。

恐怕，在你職業生涯中已見識過不只一位奉行西班牙理論的管理者，對他們的短視，不妨一笑置之，但可別讓自己太容易習慣這個困境。我們每個人或多或少都曾屈就於這種短視近利的伎倆，對員工施壓，迫使其更努力地工作，為此，我們不得不忽視降低的效率以及衍生的離職率，不過，忽視不良的副作用很容易，難的是牢記以下不太妙的事實：

處於時間壓力下的人不會把工作做得更好，只會做得比較快。

為了做得比較快，員工可能只好犧牲產品品質，以及自己的工作體驗。

4
品質——倘若時間允許

　　二十世紀的心理學主張人的個性乃是由少數基本本能所主宰：求生、自尊、繁衍、地域等等，這些都是逕行植入大腦的韌體（firmware）。你可以不帶任何情感，很理智地思考這些本能（就像你現在正在做的），但當你感覺到這些本能時，便總會帶有情緒，哪怕其中的某個內建價值遭受到一丁點侵犯，都會令人不悅。

　　一個人要是被挑起強烈情緒，就顯示他腦內的某項基本價值已遭受威脅。菜鳥經理人也許相信工作可以在不牽涉個人情緒的情況下完成，但只要有過一點經理人的歷練，就知道事實正好相反，工作時常會讓我們情緒起伏。

　　可以的話，請回想至少一個過去直接因為純工作因素而導致某人情緒失控的事件，現在重新思考該事件，然後自問（也許這已是你第八百次自問），這些情緒究竟從何而來？儘管對這起事件毫無所悉，但我們敢打賭，自尊心受到威脅是起因之一。人的一生當中，情緒反應可能來自於許多不同原因，但在工作場合中，挑動情緒最主要的因素，就是自尊受到威脅。

　　我們傾向把自尊與產品品質做緊密的聯想——請注意不是產品數

量，而是品質。（基於某些原因，生產大量平庸的東西將不會有什麼滿足感，儘管有些情況必須如此。）你所採取任何可能危及產品品質的行動，都將引爆部屬對你的負面情緒。

遠離卓越

經理人訂出根本無法達到的期限，就會危害產品品質。但他們可不這麼想，反而覺得這是賦予部屬一項有趣的挑戰，幫助部屬追求卓越。

有經驗（但疲憊不堪）的員工知道正好相反，他們了解，在槍桿之下，反而過度限制他們所能做的努力，為求準時完工，將喪失在各項資源之間做取捨的自由，也不可能增加人手或減少功能，唯一能動手腳的，只剩下品質。持續在緊迫的時間壓力下，員工就會開始犧牲品質，有問題也拖延，知情不報，或矇蔽產品的最終使用者，交出不穩定或根本沒完成的產品。他們痛恨自己的所做所為，但是有其他選擇嗎？

對此，你們當中有一些不講情面、只論現實的經理人是這麼回答的：「有些部屬老愛假『品質』之名，在那裡瞎忙，但市場根本不在乎什麼品質不品質——市場要的是昨天就該交貨給他們，只要快，差一點也能接受。」你的市場觀在許多情況下也許是對的，但強迫部屬交出一個品質達不到他自認為合格的產品，幾乎可說是一項錯誤的決定。

我們經理人總認為品質只是產品的屬性之一，一種可以根據市場需求來做調整的屬性，就像淋在自製聖代上的巧克力醬：想吃多一

點，就多淋一些，想吃少一點，就少淋一些。

　　相對地，創作者對品質的看法卻完全不同。由於他們的自尊與產品品質緊緊相繫，所以通常會用自己的品質標準加諸於產品之上。最起碼能讓自己感到滿意的，大概就是他們過去曾經締造過的最佳品質，而此一標準往往高於市場所需，以及顧客願意付費的程度。

　　「但市場根本不在乎什麼品質不品質。」聽了真是好想哭，因為這說的正是事實。人們也許會誇口強調品質的重要，或嚴酷地抱怨品質的缺乏，但到了該為品質付費的時候，這些人真正的價值觀才會顯現。例如某個軟體專案，你也許可以對使用者做類似以下的簡報：「根據經驗，我們推測這項產品目前的平均失效時間（Mean Time Between Failures, MTBF）大約是 1.2 小時，所以，假如我們今天準時交貨，你們拿到的會是一個穩定性極差的東西，要是能再多給我們三週，預料平均失效時間將可達到 2000 小時左右，這是一個相當好的結果。」此時大概會爆出一陣奧運級的譁然。這些使用者會解釋他們真的跟其他人一樣重視品質，只是延長三週太浪費錢了。

　　說到軟體，這業界已讓客戶慣於接受一個自力開發的應用程式，而其中每一百行程式就有一到三個瑕疵！最諷刺的，就是如此糟糕的紀錄通常都歸咎於創作者的品質意識太差，換句話說，這些被訓斥「老愛假『品質』之名，在那裡瞎忙」的傢伙，一旦品質低落，被罵的還是他們。要怪就怪真正的罪魁禍首吧，是誰說品質差一點沒關係的，就該承受後果。迫使開發過程面臨緊迫的時間壓力，然後接受低品質的產品，廣大的軟體使用者已經展現了他們真正的品質標準。

　　以上說法有點像是衝著軟體使用者和一般市場標準而來，但其實不必如此看待。我們必須假設，那些付錢買我們產品的人，其心智都

健全到足以在品質和成本之間做出合理的取捨，問題出在客戶對產品品質需求的認知通常不及產品創作者，這是自然就會有的衝突。降低品質可能會導致某些人不願購買，而幾乎任何這樣的品質低落所造成的市場損失，通常不是提高產品單價所能彌補的。

　　任由買家而非創作者來設定品質標準，就是我們所說的**遠離卓越**（the flight from excellence）。除非忽視品質對創作者工作態度與效率所造成的影響，否則一個以市場為導向的品質標準似乎沒有意義。

　　長期而言，以市場為導向來決定品質，付出的代價更大。在此學到的教訓是：

品質能夠超過最終使用者所需要的標準，乃是通往更高生產力的途徑。

　　對此你若心存疑慮，不妨做一下假想實驗：上街找一百個人，問他哪個機構、文化或國家以高品質聞名，我們預料逾半數的人都會回答「日本」。接下來，再找另外一百個人，問哪個機構、文化或國家以高生產力聞名，同樣，大部分人的答案也是「日本」。日本不但公認是品質的領導者，還以高生產力聞名於世。

　　等一下，高品質怎麼可能與高生產力並存？這簡直公然蔑視提升產品品質就得付出更多代價的常識。想知道答案，不妨參考兩位倍受敬重的日本現象的評論家田島（Tajima）與松原（Matsubara）的話：

> 價格與品質的妥協不存在於日本，甚至，高品質可帶來成本降低的觀念非常普遍。❶

---

❶ D.Tajima and T. Matsubara, "Inside the Japanese Software Industry," *Computer*, Vol. 17 (March 1984), p.40.

品質是免費的，但⋯⋯

菲力普・克勞斯比（Philip Crosby）在1979年出版的大作《品質免費》（*Quality Is Free*）提出了相同的概念，他在書中舉出許多例子，並提出完整的理論基礎，證明讓創作者訂定自認為滿意的品質標準後，所提高的生產力將足以彌補為改進品質所付出的代價。

很不幸，我們要提一下，克勞斯比的書對業界造成的弊多於利。問題出在大部分經理人都沒讀過這本書，但每個人都聽過書名，於是書名便取代了所有的內涵。所有的經理人都對品質充滿狂熱：「品質沒有極限，想要多少，就能免費得到多少！」這根本不是正面的品質意識，這種心態與克勞斯比所倡導的概念完全相反。

品質真正的內涵以及對生產力的影響，應該稍微換個方式來說：

對於那些肯為品質付出相當代價的人，品質才是免費的。

對品質一毛不拔的公司將永遠得到一毛不拔的品質，「品質──倘若時間允許的話」的政策將保證產品沒有任何品質。

長久以來，惠普就是一家讓創作者自訂高品質標準，進而提升生產力，並從中獲利的公司。打從一開始，該公司就讓品質成為一種信仰，在這樣的環境之下，不太聽得到必須花更多時間或金錢才能創作出高品質產品的主張，結果塑造出品質必須超越市場需求的文化，開發人員都明瞭自己屬於這文化的一部分，他們對品質認同的意識，不但提升了工作滿意度，也把普遍存在於業界的離職率降到最低。

否決權

　　某些日本公司，特別是日立軟體（Hitachi Software）和富士通
（Fujitsu）的某些部門，專案團隊有權拒絕交出他們認為還沒有準備
好的產品，即使客戶願意接受次級品，該團隊照樣可以堅持等到產品
達到自己訂的標準才交貨。當然，專案經理也面臨了同樣的壓力：被
迫交出一點東西，任何東西也好，馬上就要。不過，由於已建立了一
定程度的品質文化，這些日本經理人知道，最好還是別威嚇員工屈就
於較低的品質。

　　你會賦予部屬交貨否決權嗎？這當然需要鋼鐵般的勇氣，特別是
第一次這麼做的時候。你主要的憂慮，應該是帕金森定律對你所起的
負面作用，這已重要到需要自成一章。

5
重審帕金森定律

1954年，英國的帕金森（C. Northcote Parkinson）撰文提出一種概念，認為無論配置多少工作時間，該工作都會把配置的時間耗光。這就是著名的帕金森定律（Parkinson's Law）。

你若不知道其實根本沒幾個經理人接受過管理訓練，也許會認為經理人全都上過帕金森定律及其衍生理論的密集課程，即使自知對管理一竅不通的經理人，也會緊守領導統御及工作態度的真理：帕金森定律。這個定律讓經理人深信完成工作的唯一之道，就是訂出一個幾乎讓人樂觀不起來的交貨日期。

帕金森定律與牛頓定律

帕金森定律離真理還差得遠，雖然它跟牛頓定律都被稱為定律，但在意涵上卻大不相同。牛頓是科學家，透過嚴格的科學方法研究地心引力，他的定律經過嚴格的證明與測試才公諸於世，隨後又經過幾個世紀的研究而屹立不搖。

帕金森不是科學家，他沒有蒐集數據，搞不好還不懂統計推論的

規則。帕金森是幽默大師,他的「定律」之所以風行,並不是因為它道出事實,而是因為它很有趣。

當然,若非帕金森定律也說出了一些事實,也不會令人覺得有趣。帕金森以某個虛構的政府官僚體系來闡述其定律,有些人相信那就是英國郵局的樣板。官僚體系總是容易有這方面的問題,因為官僚體系鮮少讓員工享有工作滿足感。你可能並不任職於官僚機構,但假如是,你也會想辦法讓員工不受到這種問題的影響,否則他們將無法完成任何工作。於是,你的部屬應該能享受到許多工作滿足感,這推論出一個值得寫下來的簡單事實:

帕金森定律幾乎肯定不適用於你的部屬。

人生苦短,部屬們才不會在工作上虛耗太多時間,既然他們樂於工作,就不會任由工作漫無天日地拖延下去——這會耽誤他們渴望得到的工作滿足感。只要不在他們自訂的品質標準上打折扣,他們會跟你一樣渴望完成工作。

換個角度來想

所有經理人在一生當中,至少會有某些時期必須處理員工逃避工作、欠缺品質標準,或無法完成工作的問題,這不就印證了帕金森定律嗎?

在一個健康的工作環境中,有些人無法勝任工作,原因包括缺乏能力、缺乏信心,以及缺乏與其他專案成員和專案目標的聯繫,在這些情況中,施加時程壓力的幫助並不大。例如,當一名員工看來已無

法勝任工作，也毫不在乎工作品質，便顯然表示這個可憐的傢伙已陷入無力承擔工作的困境，他需要的不是更多壓力，而是需要調整工作，甚至另謀高就。

即使在施壓已成為唯一手段的極少數情況，經理人也往往是最後一個這麼做的。如果施壓是來自於團隊，效果會更好。我們看過一些組織嚴謹的團隊案例，根本輪不到經理人去對某個跟大家唱反調的人大呼小叫。

在後面的章節中，我們將談到更多有關團隊，以及建立有助於團隊形成的合理化學作用。此處的重點並非怎麼做才有效，而是怎麼做一定沒效：把你的部屬當成帕金森式的員工一定沒效，此舉只會打擊他們的自尊與工作衝勁。

新南威爾斯大學的若干數據

當然，帕金森定律的思維不會因為被我們批評就消失，欲轉變經理人的想法，唯一的辦法就是仔細蒐集數據，證明帕金森定律不適用於大多數員工。（請暫時忘記帕金森完全沒有提供資料佐證該定律適用於一般人，他只不過在好幾百頁的篇幅中不斷重申該定律。）

新南威爾斯大學的兩位研究人員麥可‧勞倫斯（Michael Lawrence）和羅絲‧傑佛瑞（Ross Jeffery），在1980年代至1990年代期間每年都會進行一項專案調查，在共同的數據蒐集標準下，對業界正在進行的專案展開量測。每年著重的專案工作面向都不一樣，在1985年調查所得到的若干數據反映出帕金森定律的不適用性，雖然這些數據並非「罪證確鑿」證明該定律完全無效，但應已足夠令人質

疑。

　　勞倫斯和傑佛瑞首先測定各種預估方式對生產力的影響，目的在
於證明（或否定）開發人員（在本案中指的是程式設計師）試圖達成
自己預估的目標時，就會更賣力工作的一般認知。共有103項專案接
受勞倫斯和傑佛瑞的調查，運用加權度量（weighted metric）來計算
生產力，然後按照最初的預估方式分類成不同的小組，部分調查結果
如表5.1：

表5.1　各種預估方式的生產力（部分結果）

預估者	平均生產力	專案數量
程式設計師	8.0	19
監督者	6.6	23
程式設計師和監督者	7.8	16

　　至此，該調查結果證實了一般認知：由程式設計師自己預估，他
們會有較高的生產力；若由經理人（監督者）預估，甚至連徵詢一下
程式設計師都不，則生產力較低；若由程式設計師和經理人共同預
估，則結果介於以上兩個數據之間。

　　同年的調查中，還有21項專案是由第三方進行預估，通常是系
統分析師。大體上，開發人員在這些專案的生產力遠超過由程式設計
人員和／或經理人預估所得到的結果（如表5.2）：

表5.2　各種預估方式的生產力（部分結果）

預估者	平均生產力	專案數量
程式設計師	8.0	19
監督者	6.6	23
程式設計師和監督者	7.8	16
系統分析師	9.5	21

最後一欄數據與一般認知根本不符，程式設計師為什麼會更賣力達成系統分析師的預估結果，甚至比由自己預估還賣力？這或許用數據異常就可以搪塞過去，但假如你跟我們一樣，都相信不良的預估向來是扼殺工作衝勁的因素，那麼這項數據就根本不用含混帶過。相較於程式設計師或經理人，系統分析師通常更擅長預估，他們往往對工作細節知之甚詳，既無工作執行者天生的樂觀心態，也沒有主管對政治和預算的偏見。此外，系統分析師一般都具備豐富的預估經驗，因為過去做得夠多，也學到許多教訓，所以更能準確地設定工作量。

拙劣、緊湊到令人絕望的預估，將會扼殺創作者的士氣。以開發專案計量研究聞名於世的卡波斯‧瓊斯（Capers Jones）曾說：「當專案的時程既不合理又不切實際，無論加多少班也完成不了時，專案團隊就會既憤怒又沮喪……而且士氣將跌到谷底。」❶ 無論「既不合理又不切實際」的時程是由老闆或工作執行者本身決定的都無關緊要，只要人陷入了毫無勝算的情境，他便毫無工作效率可言。

勞倫斯和傑佛瑞在1985年的研究中，最驚人的部分放在最後，

---

❶ Capers Jones, *Programming Productivity* (New York: McGraw-Hill, 1986), p. 213.

也就是24項沒有做任何預估的專案，這些專案的生產力遠遠凌駕其他專案（如表5.3）：

表5.3　各種預估方式的生產力（部分結果）

預估者	平均生產力	專案數量
程式設計師	8.0	19
監督者	6.6	23
程式設計師和監督者	7.8	16
系統分析師	9.5	21
（未預估）	12.0	24

老闆不給時程壓力的專案竟然締造了最高的生產力（「做好了就叫我一聲。」）。當然，這並不能證明帕金森定律不適用於從事開發的工作者，但這難道不令你驚奇嗎？

經理人是否該對專案施加時程壓力，就跟你考慮要不要處罰小孩一樣：倘若處罰機會不多，且時機恰到好處無可挑剔，那或許就有所幫助，但假如對每個案子都這麼做，就表示你只是在自找麻煩。

帕金森定律的變體

只要稍微調整一下帕金森定律，就得到在許多組織裡真實到令人害怕的東西：

組織裡沒有效益的白工，傾向於會把工作時間耗光。

　　這種現象從公司剛成立時就會出現，並逐年惡化，假如荷蘭東印度公司（成立於1651年，曾是世界上最大的公司）還在的話，它的員工很可能每週要花四十小時填寫表格。注意，在此例中體現帕金森定律的是公司，而非公司的員工。我們將在第二部分再次探討這個主題。

6
苦杏仁素

苦杏仁素（laetrile）是從一種無色液體，從略帶苦味的杏仁核中萃取出來的。在瑞典，大概用杏仁精的價格就可以在雜貨店裡買到苦杏仁素，它跟其他精油一樣，可以用於烘焙；在墨西哥，則要花五十美元才能買到一滴苦杏仁素，以「治療」要命的癌症。當然，它什麼病也不能治，所有證據都顯示這是殘忍的欺騙，但無論多麼離譜，有些求藥無門的絕症病患還是願意聽信賣苦杏仁素的郎中。一個徹底絕望的人，大概也不會太認真地檢視證據。

同樣地，許多經理人「夠絕望的了」，因為絕望，所以輕信可以改善生產力的說辭，淪為技術上的苦杏仁素受害者。他們所採納的辦法，通常缺乏有力的證據支持其所宣稱的效果，但因求藥心切，他們也不在乎證據。

睡覺減肥

有一天我窮極無聊，把報紙上那些號稱可以增進百分之百或更多生產力的廣告剪下來，沒多久就剪了一大堆，真令人驚訝，號稱

53

可以大幅增進生產力的辦法形形色色什麼都有，包括座談會、套
裝課程、方法論、書籍、工作進度板、硬體監視器、電腦語言，
還有新聞簡訊。當晚搭地鐵回住宅區時，我在《紐約郵報》背面
看到當日最後一則廣告，上面寫著「睡覺減肥」，看起來跟我剪
的那堆廣告都是一個樣。

——李斯特

　　為了改善生產力，我們都承受了很多壓力，這個問題不太容易解
決，因為容易的辦法早就被想到或做過了，但還是有一些組織就是做
得比其他組織好。我們確信，這些做得比較好的組織並沒有使用任何
特別先進的技術，他們之所以有更好的表現，完全是因為更有效率地
處理人事、改進工作場所和企業文化，並採行某些我們隨後在第二部
到第六部將討論到的措施。

　　相較之下，技術派不上用場或許有點令人洩氣，至少短期而言是
如此，因為我們對企業文化所提倡的改善之道，不但做起來難，還很
慢見效。比較受青睞的辦法，就是剪下雜誌背面的折價券，附個幾千
塊錢寄出去，寄回來的郵件就會附上某種神奇的生產力絕招。當然，
這對你或許沒多大用處，但是，簡單卻解決不了問題的辦法，往往比
困難的辦法更誘人。

七女妖

　　簡單卻解決不了問題的技巧所營造出來的假象，就像是女妖媚惑
著可憐的奧德修斯，女妖傳達的虛假訊息很誘人，但不知會把你引至

何方，一旦誤信這些謬論，你就不想從事打造健康企業文化的艱難工作。

[譯註]

奧德修斯（Odysseus）是希臘神話中，在特洛伊（Troy）戰爭想出木馬計的英雄，他的船在經過女妖（Siren）出沒的海域時，被勾人魂魄的歌聲迷惑，險些喪命，幸而事先得到指點，請夥伴將他綁在船桅上，才逃過一劫。

你待在哪個產業，就會有哪些女妖煩擾你，我們已從本身最熟悉的軟體開發領域辨識出七女妖，以下便是我們對這些謬論做出的回應：

軟體管理的七大虛假期望

1. 你已錯失某種能讓生產力一飛沖天的新招數。

   回應：你不會笨到錯失這麼重要的事。你持續地尋找新方法並嘗試最合理的方法，這些試過或可能去試的方法中，沒有一個可以真正讓生產力一飛沖天，倒是可以保持大家健康的心態：人都喜歡專心投入、學習，以及進步。所謂錯失某些神奇的新發明，純粹是為了銷售牟利而採取的恐嚇伎倆。

2. 其他管理者都得到了百分之百、百分之兩百或更多效益！

   回應：別傻了。向你兜售的神奇工具一般都是針對開發生命週期中的編碼與測試部分，但就算編碼與測試完全省去不算，還有分

析、協商、制定規格、訓練、驗收測試、轉換與導入等工作,你
還是不能指望有百分之百的效益。

3.　科技變遷快速,你就要趕不上了。

回應:沒錯,科技變遷快速,但(又是高科技幻覺)大部分你正
在做的並不是真正高科技的工作。當機器大幅改變時,軟體開發
這一行幾乎沒什麼變,我們的時間大部分仍花在需求與規格上,
也就是我們工作中屬於低科技的部分。軟體產業的生產力年成長
率為三到五個百分點,僅略勝於鋼鐵或汽車產業。

4.　更換程式語言將取得巨大效益。

回應:程式語言很重要,因為它會影響你對問題的思考方式,但
話說回來,所影響的也僅限於專案的實作部分。由於語言的影響
被過分誇大,有些較新的語言被視為苦杏仁素,的確,就開發
新功能而言,Java或許優於PHP,但早在Java之前,任何你想做
的,都早有更好的方法:可創造功能類別並可供輕易實作的利基
工具(niche tool)。除非過去幾十年的轉捩時刻你都在昏睡,否
則更換語言對你不會有太大幫助,頂多只有5%的效益(不要小
看這個數字),不會更多了。

5.　因為待執行的專案頗多,你必須立刻讓生產力倍增。

回應:說到有關軟體的待執行專案,大部分都是空談。我們都知
道,專案的成本在結束時往往遠超過當初的預期,所以,對於今
年無法開工起造的系統(因為我們負荷不了),其成本樂觀地假
設為實際成本的一半,甚至更少。被歸入虛妄的待處理專案,一

般都是因為即使在最樂觀的成本假設之下，也無法創造合理的利潤，如果我們了解它的真實成本，就可以看清事實：賠本生意。這不該列為待執行專案，而是該丟進垃圾桶。

6. 既然一切都自動化了，你的軟體開發人員也該自動化了吧？

回應：這是另一種形式的高科技幻覺：深信軟體開發人員所從事的是簡單的自動化工作。其實他們的主要工作是人際溝通，將使用者所表達的需求組織起來納入正式程序。無論開發生命週期如何改變，人際溝通都免不了，也不太可能自動化。

7. 你要是對部屬施加大量壓力，他們就會有更好的工作表現。

回應：不──這只會減少他們的工作樂趣。

至此，以上招數都不管用，假如對人施加壓力後，對生產力會有負面影響，引進最新的科技法寶也是枉然。那麼，管理者該怎麼做呢？

這才是管理

早年我還是軟體開發人員的時候，有幸成為日後擔任過Codd and Date Consulting Group總裁的莎朗‧溫伯格（Sharon Weinberg）所帶領的專案小組的一員，如今回想起來，莎朗就是活生生的啟蒙管理範例。某個下雪天，我拖著病體，組裝一套供使用者簡報之用的破爛系統，莎朗進來發現我在操控台前勉強支撐，她便離開了，幾分鐘後，她端著一鍋湯回來，為我倒了一杯，我的精

神為之一振。我問她要做的管理工作那麼多，怎麼會有空做這種
事，她向我展露她的招牌微笑，說：「湯姆，這就是管理。」

——狄馬克

莎朗知道所有本性善良的經理人都明白的事：管理者的工作並不
是叫人去工作，而是去創造讓人想去工作的情境。

第二部
辦公室環境

　　為了協助員工投入工作，你必須努力對付有可能阻撓工作的因素。時間流失的原因很多，但這些原因也沒多大差別，無論何種形式，幾乎總是組織所提供的工作環境出了毛病，電話鈴聲響個不停、修理印表機的人過來聊天、影印機壞了、捐血中心來電更改捐血時間、人事部門又在催繳更新技術調查表、下午三點要交工時紀錄卡、還有很多電話打來……然後這一天就結束了。某些日子裡，你甚至沒有花任何一分鐘在真正該做好的事情上。

　　這些干擾若只影響經理一個人倒也還好，其他員工仍可安心工作，但大家都知道事實並非如此。每個人工作一天下來都充滿挫折與干擾，一整天就這麼過了，卻沒人知道自己幹了什麼。你如果訝異為什麼幾乎每件事都無法如期完成，請想想這句話：

　　浪費一個工作天的辦法有千萬種，卻沒有任何一個辦法可以重拾一個工作天。

　　在第二部分，我們將探討時間被浪費掉的某些原因，並提供一些方法，好讓你打造一個健康、有助於工作的環境。

7
傢俱糾察隊

假設除了現有職責,你還得負責為部屬提供工作空間與服務,亦即決定每個人工作區的形式、空間大小和整體支出,你會怎麼做?你可能會研究每個人使用空間的方式、所需的桌面大小、每日獨自或與他人一起工作的時數等等,你也會研究噪音對人員工作效率的影響,畢竟,你帶領的是一群腦力工作者——他們需要讓腦子運轉才能工作,而噪音會影響他們的專注力。

對每一項已觀察到的干擾,你會找出簡單、機械化的方法來保護部屬。相對於開放空間,你在一定的權限內研究密閉空間(一人、兩人或三人辦公室)的優點,以在成本與隱私、安靜之間做出合理的取捨。最後,你還會考量部屬的社交需求,提供一些讓人談話、但不致干擾別人的場所。

掌控貴公司(特別是大公司)工作空間與服務的人,從來不花太多時間考慮上述問題,這並不令人驚訝,他們從不蒐集任何原始資料,也不想了解生產力這類複雜議題,之所以如此,有部分原因是他們自己不用做那些會受惡劣環境影響的工作,這些人往往形成所謂的傢俱糾察隊,在面對這種問題時,他們所採取的做法幾乎與你相反。

糾察隊的心態

傢俱糾察隊隊長就是你們進駐前一天在新辦公室裡晃來晃去的傢伙，當時他腦子裡還不斷地想：

「看看這一切多麼整齊劃一啊！你分不出這是五樓還是六樓！但這群人搬進來，一切就毀了。他們會到處掛相片，佈置自己的小隔間，弄得亂七八糟。搞不好還會在我那可愛的地毯上喝咖啡，甚至吃午餐（不寒而慄）。喔，天啊，喔，天啊，喔，天啊……」

這個人還規定每張桌子一到晚上就要收乾淨，除了公司月曆以外，禁止在隔板上掛任何東西。據我們所知，有一家公司的傢俱糾察隊甚至在每一具電話貼上處理打翻咖啡的緊急電話號碼。我們從未在那裡見過有人打過這個號碼，但你可以想像，為了處理打翻的咖啡，穿著白領上衣的維修人員駕著裝有閃燈與警鈴的小電車，喔咿，喔咿，從走廊呼嘯而過。

有位仁兄在一場研討會的中場休息時告訴我，他們公司到了晚上就不准員工留置任何東西在桌上，唯一可以通融的是一張五乘七的全家福照，否則隔天一早就會在桌上看到一張來自傢俱糾察隊的討厭字條（而且還是印有公司頭銜的那種）。一名員工受夠了這些字條，內心的怒火就快按耐不住，同事們知道這個狀況後，便跟他開了一個玩笑：他們在附近一家廉價商店買了一個畫框，還特別選了附有全家福範本照片的那種，然後以那張照片和這位員工的全家福照掉包，同時在照片下面貼了一張模仿傢俱糾察隊

口吻的字條，上面寫著，由於他的家庭達不到公司的標準，因此
公司決定頒發一張「官方版公司全家福照」供他裝飾辦公桌。

──李斯特

制式的塑膠地下室

為了更清楚了解傢俱糾察隊的心態，請看圖7.1，這是全美目前
最普遍的辦公室平面配置圖。

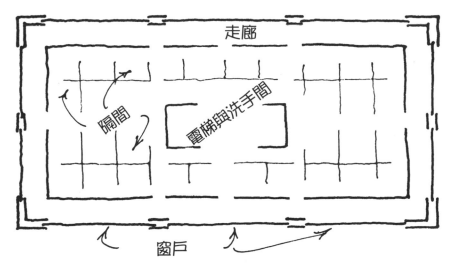

圖7.1　典型的辦公室平面配置圖

這種設計直接了當地解決了誰能靠窗的複雜問題──誰都別想。
靠窗問題的癥結在於靠窗隔間沒那麼多，無法一人一間。倘若有人靠
窗，有人不靠窗，舉例來說，你就可以透過簡單的觀察得知你來到了

喬治的座位，我們怎麼可以容許這種情況呢？

　　不過，來看一下副作用。無論是從電梯到小隔間，還是從小隔間到另一個小隔間，人們使用得最頻繁的路徑都不會經過任何一扇窗戶，窗戶在這種平面配置下一點用處都沒有，靠窗的走廊總是空空盪盪。我們第一次見識到這種靠窗走廊的規畫是在一棟新摩天大樓的第二十層樓——從每個角度看出去都很壯觀，但這樣的好景致卻從來沒人見到過。在這棟樓的人其實跟在地下室工作沒什麼兩樣。

　　從傢俱糾察隊的觀點來看，地下室空間反而比較好，因為它有助於平面配置的一致化。不過，人喜歡在自然光線下工作，有窗的感覺更好，而好感覺會直接轉換成較高的工作品質。人不喜歡在整齊劃一的空間裡工作，他們會想辦法改造自己的空間，以符合自身的便利與品味。在攸關勞工的諸多不便利的措施中，上述不便利的事實可說是典型代表。

　　如果像我們一樣每年參訪幾十家不同的機構，你很快就會相信許多辦公室規畫都普遍忽略這種不便利的事實。幾乎沒有例外，給知識工作者的都是嘈雜、易受干擾、無隱私、缺乏想像力的工作空間，有些比較漂亮的辦公室，卻不具實用性，沒有人真的能在那裡做好多少工作。本來在一個安靜、舒適的小天地裡擺上兩張大摺疊桌，關起門來就可以拼命工作的人，卻把他放到一個附有七十三個塑膠套件的簡便隔間，沒有人關心這對工作效率是利或弊。

　　對老實從事美國辦公室空間規畫的人來說，這番批評聽來或許有些嚴厲，你要是這麼認為，請想想最後一個彰顯這些規畫人員心態的事實，這已離譜到讓人訝異為什麼大家竟能如此容忍：公司廣播系統。也許很難令人相信，有些公司真的是用擴音設備來干擾正在思考

的無數員工，只為了尋找一個人：咚！〔停頓一下〕注意，注意！呼叫王小明，王小明請跟廣播中心聯絡。假如你站的位置適當，搞不好會看到三、四十個領薪水的員工在第一聲噹的時候抬起頭來，有禮地聽完整段廣播內容，然後低下頭回想自己在廣播前是在做什麼。

　　這些充滿糾察隊心態的規畫人員用設計監獄的方法來設計辦公室：以最低成本換得空間利用的最佳化。在工作場所的設計上，我們不經意就向這些人讓步，但對大多數生產力有問題的組織而言，改善工作場所是最有助於提升生產力的手段，只要員工被擠在嘈雜、無趣、經常被干擾的環境裡，最值得改善的就是工作場所。

8
「從早上九點到下午五點根本做不了任何事」

所有產業的開發人員普遍存在一項認知，就是「加班是生活的常態」，這意味工作從來就無法在規畫時間內完成，對此，我們抱持懷疑的態度。以軟體業為例，加班確實是生活的常態，但整體來看，若非開發軟體的利潤遠大於付出的成本，這個產業大概很難會有這麼一段榮景。該如何解釋軟體業者與其他腦力密集的工作者願意投入這麼多額外的工作時間呢？

其中一個令人感到不安的可能原因，就是與其說加班是為了增加工作時間的量（quantity），不如說那是為了改善它的質（quality），你經常聽到的對話可以證明這一點：

「一大早大家都還沒來的時候，我的工作做得最好。」

「我一個晚上做的事，可以抵兩、三天的份量。」

「辦公室整天吵得像菜市場，但是一到下午六點左右，一切平靜下來，你就可以真正做點事。」

　　為了生產力，人們也許會提早上班或晚一點下班，甚至乾脆不來上班，待在家裡一天，把重要的工作做完。有位參與我們研討會的女士說，因為新老闆不准她在家裡工作，所以每次要提交重要報告的前一天，她就請病假在家裡做好報告。

　　待晚一點、提早上班或在家安靜工作，無一不是對辦公環境的嚴厲控訴。經常無法在辦公室工作還不算稀奇，奇的是大家都知道這個狀況，卻無人採取行動。

怠職政策

> 　　我曾擔任顧問的一家加州公司非常重視員工意見。有一年，該公司的管理階層對所有程式設計師（超過一千人）進行了一項調查，要求他們列出最佳與最差的工作層面，負責該項調查的經理人對公司的改變非常興奮，他告訴我說，排名第二的問題是與管理高層溝通不良，經過這次教訓，公司成立了品管圈、申訴委員會與其他溝通措施。我很有禮貌地聽他把細節說完，然後問他排名第一的問題是什麼。「環境，」他說，「員工受不了噪音。」我問他公司對此採取何種解決之道，「喔，我們無能為力，」他說，「那超出我們的控制範圍。」
>
> ——狄馬克

　　更令人洩氣的是，對於拿不出辦法來改善環境，管理者竟毫無愧疚。經過慎重考慮，管理階層對此做出實在無能為力的決定，彷彿程式設計師抱怨的是地心引力太強，所以問題的解決之道已超出人類的

能力範圍。這根本就是怠忽職守。

　　改變環境絕對沒有踰越人類的能力範圍。沒錯，幾乎每家公司都有勢力強大的傢俱糾察隊統治著實體的環境，但是，讓這些人了解改變環境的理由，或撤掉他們對環境的控制，並非不可能的任務。本章接下來先說明非得這麼做的理由，而後續幾章將告訴你該怎麼做。

編程競賽：可被觀察到的生產力因素

　　在本書首次出版的前幾年，我們每年都會對生產力進行某種形式的公開調查，迄今全球已有三百多個組織參與過我們的研究。到後來，我們開始以一種公開競爭的方式來進行年度調查，來自不同組織的軟體實作團隊，比賽誰能以最短時間與最少瑕疵完成一系列的標竿編碼（benchmark coding）與測試工作。我們把這些比賽稱之為編程競賽（Coding War Games），以下是競賽規則：

- 以來自同一組織的兩位實作人員組成一支參賽小組，這兩人並非相互合作，而是既要彼此競爭，又要與其他小組競爭。
- 小組中的兩人工作內容完全一致，根據我們制定的規格，著手設計、編寫與測試一個中型規模的程式。
- 參賽者必須將競賽每個階段所花的時間記錄於時間日誌。
- 當所有參賽者完成測試後，其產品將會接受我們的標準驗收測試。
- 參賽者在自己原來的工作環境以及正常工作時間中進行比賽，所使用的語言、工具、終端機與電腦都跟平常參與其他專案時所使

用的一模一樣。

● 所有結果皆予保密。

　　從1984年到1986年，總共有來自92家公司、超過600位開發人員參與這項競賽，對參賽個人來說，好處是可了解自己和其他競爭對手孰優孰劣，而參賽公司也可了解本身和其他公司比較起來如何，至於我們所獲得的好處，則是更充分了解影響生產力的因素，這也是本章接下來要討論的。

個人差異

　　編程競賽的第一個成果就是證明了參賽個人之間有很大的差異，當然，這早就是眾所周知的事，例如，圖8.1便歸納了三個不同來源的調查結果，顯示出個人差異的程度：

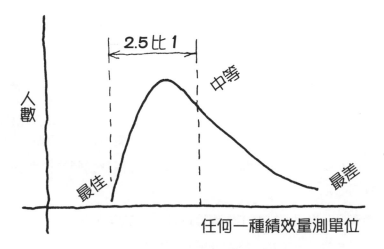

圖8.1　個人之間的生產力差異

對任何個人績效差異進行抽樣調查，似乎總能運用以下三個經驗法則：

- 表現最佳與表現最差的差異達10：1。
- 表現最佳與表現中等的差異為2.5：1。
- 表現較佳的一半與另一半的差異為2：1。

無論你定義的績效量測單位是什麼，上述規則都一體適用，因此，舉例來說，表現較好的那一半參賽者完成工作所花的時間是另一半參賽者所花時間的一半，比較容易出錯的那一半受試者就包辦了超過三分之二的錯誤……等等。

編程競賽的結果與以上描述完全吻合，以1984年的競賽結果為例，參賽者達到第一個里程碑（完成編譯，待測試）所花的時間如圖8.2：

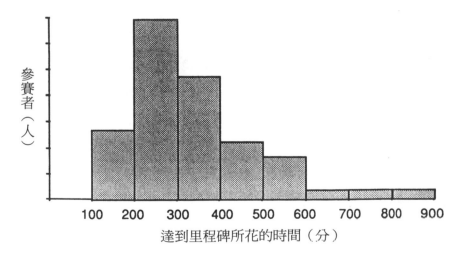

圖8.2　個人之間的績效差異

最佳表現是平均表現的2.1倍，表現較佳的一半與另一半的差異為1.9比1，其他編程競賽也都得到了幾乎一致的結果。

與生產力無關的因素

根據我們對競賽結果的分析，我們發現以下因素與工作表現並沒有關聯：

- 語言：使用COBOL和Fortran這類老語言的人，工作表現基本上跟使用Pascal和C的人沒什麼差別，而同一語言組別內的工作表現分布情況，也與整體分布非常相似。對語言的觀察唯一的例外是組合語言：使用組合語言的參賽者遠遠落後其他語言組別。（不過，使用組合語言的人對遠遠落後也很習慣。）

- 經驗年資：具有十年經驗的人，其表現並未優於只有兩年經驗的人。參賽者對自身所使用的語言，若經驗不足六個月，則表現將不如其他人，除此之外，經驗與表現之間沒有任何關聯。

- 瑕疵數量：將近三分之一參賽者在競賽結束時毫無瑕疵。整體而言，零瑕疵參賽者並未因追求正確性而影響整體表現。（事實上，一般而言，這些人完成競賽所花的時間，甚至比出現一個或更多瑕疵的人還略少一些。）

- 薪資：參賽者的薪資等級落差甚大。薪資與工作表現僅有薄弱的關聯，表現較好的那一半參賽者的薪資，只比另一半多不到一成，然其表現卻好到將近兩倍。任何特定薪資等級的績效分布幾乎與整體分布一致。

一樣沒有任何驚人結論，這些影響大多是眾所周知的。稍微讓人感到驚訝的，是我們發現某些因素*確實*會對績效產生重大影響。

你也許不會想讓老闆看到這一點

我們找到對良好績效具正面影響的因素中，有一項是始料未及的：跟你配對的夥伴有很大的關係。要是你的夥伴做得很好，那你也會做得很好；要是你的夥伴做不完，那你也一樣；要是你的夥伴最後沒有完成，那你大概也不會完成。同一組兩人表現的差異平均只有21%。

好，這個結果的重要性在哪裡？在於就算同一組配對無需相互合作，這兩個人卻來自同一家公司（大多數情況下，他們是這家公司唯一派出的一組人）。他們在相同的實體環境下工作，彼此分享相同的企業文化，從他們表現差不多的事實可以知道，觀察所有參賽者得來的整體績效分布可能不適用於單獨一家公司：來自同一家公司的兩人往往有類似的表現。這意味著表現最佳的人通常來自於某幾家公司，而表現最差的人也總是出自於另幾家公司，這就是軟體界的先鋒哈蘭・米爾斯（Harlan Mills）在1981年所預測的現象：

程式設計師之間存在這種〔10比1〕生產力差異是可以理解的，同樣，軟體公司也存在著10比1的生產力差異。❶

---

❶ H. D. Mills, *Software Productivity* (New York: Dorset House Publishing, 1988), p. 266.

　　我們的研究發現，92家參賽公司之間有極大的差異，綜觀這些公司，在工作速度上，最棒的公司比最糟的公司快了11.1倍，除了速度，最棒的公司派出來的參賽者所寫的程式都通過了主要的驗收測試。

　　此一發現實在令人坐立難安。多年來，經理人對員工的個人差異抱持著某種宿命論，認為這種差異是天生的，所以也不能改變什麼，但是，很難對這種物以類聚的現象抱持宿命的態度，有些公司的表現就是差其他公司一大截，與環境和企業文化有關的某些因素使得無法吸引並留住人才，或者就算有好的人才，他們也無法有效率地工作。

工作場所的影響

　　很多公司給開發人員的工作環境既擁擠、又嘈雜，干擾多到令人沮喪，這是不爭的事實，光憑這點，就足以解釋為什麼工作效率會不彰、人才會跑掉。

　　工作場所的品質可能與開發人員的工作效率高度相關，要檢驗這項假設其實不難，只要設計一組固定的基準工作，亦即類似開發人員平常做的工作，然後觀察他們在不同環境下的工作表現，而這正是設計編程競賽的目的。

　　為了蒐集有關工作場所的資料，我們請每位參賽者（事先）針對工作場所填寫一份問卷，要求他們提供若干具體資料（例如，工作空間的面積和隔板高度），並回答某些具體問題，像是「你工作的地方是否讓你覺得受到重視？」以及「你工作的地方夠安靜嗎？」然後，我們研究這些回答與競賽表現之間的相關性。

　　一個能輕易將趨勢顯現出來的做法，就是觀察競賽中表現較佳與較差（根據綜合性的績效衡量參數）雙方所處的工作場所特性，我們選擇排名前四分之一與後四分之一的參賽者來進行比較，結果前者的平均表現優於後者2.6倍，與環境方面的關聯性摘要於表8.1：

表8.1　編程競賽中表現最佳與最差者所處的環境

環境因素	表現居前 四分之一者	表現居後 四分之一者
1. 你的工作空間有多大？	78平方呎	46平方呎
2. 夠安靜嗎？	57%回答是	29%回答是
3. 夠隱密嗎？	62%回答是	19%回答是
4. 你的電話可以調整為靜音嗎？	52%回答是	10%回答是
5. 你的電話可以轉由他人接聽嗎？	76%回答是	19%回答是
6. 同事是否經常非必要地打擾你？	38%回答是	76%回答是

　　表現居前四分之一者，也就是在競賽中表現最快、最有效率的參賽者，其工作場所跟表現居後四分之一者顯然有極大的不同。頂尖好手的工作環境較為安靜、較為隱私，也比較不會受到打擾，還有很多，不只這些。

我們證明了什麼？

　　以上資料並不能確切證明較佳的工作場所可以幫助人們有更好的表現，也許僅能指出表現較好的人傾向於待在提供了較佳工作場所的

公司，這對你而言真的很要緊嗎？長期而言，一個安靜、寬敞、隱私的工作環境，是否有助於你現有的員工把工作做得更好，或是幫助你去吸引和留住更好的人才？

　　若真要說我們證明了什麼，那就是忽略工作場所的政策是一大錯誤，只要你所參與或管理的是一個腦力工作團隊，你就該為工作環境負責，光是觀察到「從早上九點到下午五點根本做不了任何事」，然後轉移問題焦點，這是不夠的，人在正常上班時間不能工作是很蠢的，正該為此採取行動了。

9
在空間上省錢

倘若貴公司有幾分像我們近三年研究的個案，貴公司的環境勢必是越來越無隱私、擁擠、嘈雜。當然，原因很明顯，就是成本。在工作場所省一毛錢，就等於替公司賺一毛錢，就是這種思考邏輯。會做出如此判斷的人犯了一項錯誤，就是沒有對利潤進行探究便端出成本／利潤的公式，他們只曉得成本這一邊，卻不明白另一邊如何計算。沒錯，從工作場所上節省開支很吸引人，但這是跟什麼比較？答案很明顯，就是跟喪失工作效率的風險來比較。

很令人意外，跟這份潛在的風險比起來，從工作場所中吝嗇而節省下來的經費其實很有限，用在一名開發人員工作場所上的成本，相對於付給他的薪資，所占的比例很小，至於有多小，則視房地產實際價值、薪資水準，以及租賃或購買的決策這類因素而定，一般來說，是在6%至16%之間變化。對於場地是公司自有、在其中上班的程式設計師／分析師而言，你每花1元在辦公空間與便利設施上，可預料你會直接付給他15元的薪水。要是再加上員工福利的成本，總共投資在這位員工身上的錢，可能是花在他工作場所成本的20倍。

20比1，這意味著壓低工作場所的成本是很冒險的，為了節省一

塊錢裡的一小部分，可能導致你損失二十塊錢裡的一大部分。行事審慎的經理人應該不會不先評估這是否有損員工的工作效率，就考慮把人搬到較便宜、嘈雜、擁擠的辦公室，所以，你或許以為，十年前我們辦公室開始改裝成時髦的開放式空間時，規畫人員都一定做過某些非常審慎的生產力分析，要是沒有做，便是對環境漠不關心、不負責任。

瘟疫侵襲

很不幸，對環境漠不關心、不負責任正是當今的通病，我們對自然資源強取掠奪，更何況是對工作場所的設計？約翰‧布魯諾（John Brunner）曾在一本預言式科幻小說中描述空氣、土壤與水污染將一直持續到下個世紀末，而無論污染有多嚴重，卻幾乎無人抱怨，在布魯諾小說裡的居民就像一大群安靜的綿羊，一直對問題漠不關心，直到最後喪失所有生存的可能性，他們才注意到問題。布魯諾的這本書叫做《抬頭看的綿羊》（*The Sheep Look up*）。

當原本合理的辦公室退化成愚蠢的形式時，窩在裡頭的美國員工卻幾乎不抬頭看。不久前，他們還在兩、三人的辦公室裡工作，有牆、有門，也有窗。（你還記得牆、門和窗吧？）在這種環境中，可以安靜地工作，和同事開會也不會干擾到隔壁的人。

然後，無預警地，開放式座位就像瘟疫一樣侵襲我們，新設計的倡導者拿不出任何證據說明這不會有損工作效率，他們真的拿不出來。有意義的生產力評量很複雜、難以掌握，不同的工作領域必須使

用不同的評量方式，需要專業知識、審慎研究，並蒐集大量資料。

引領我們走進開放式座位的人當然不會去做這種苦差事，他們有的只是一張嘴，大肆宣揚新辦公室可以提升生產力，大幅提升，升到百分之三百那麼多，藉以規避生產力是否會下降的問題。這些人發表文章，其中許多根本是經過精心設計的煙幕彈，冠上聳動的標題，一如這篇刊載於《資料管理》（*Data Management*）雜誌上的文章：「開放空間的設計大幅提升員工生產力。」作者在這個充滿希望的標題下直接了當地說：

> 為一個資訊處理環境設計開放式辦公室時，應考量的基本面向是：系統的電子分布能力、電腦支援能力，以及製造者與經銷商服務。

說完了，就這樣。「應考量的基本面向」就只有這些。完全忽略了是人要在這裡頭工作的事實。

該文與其他類似文章還遺漏了有關員工生產力的任何看法，這篇刊載於《資料管理》上的文章沒有提出任何證據以支持其標題，我們唯一看到用來確認開放式空間可以改善生產力的慣用手法就是用不斷重複的宣稱來證明它。

我們就罵到此為止，並告訴你一些事實

IBM在著手規畫聖塔特瑞沙（Santa Teresa）的新辦公室之前，曾經一反業界常態，很慎重地對即將進駐新辦公室的員工們進行工作習慣的研究，這項研究由建築師傑洛德・麥丘（Gerald McCue）所設

計，並取得IBM區域經理人的協助。[1] 研究人員實地在現行辦公室與
新辦公室樣品屋中觀察工作的進展，包括程式設計師、工程師、品管
人員，以及管理者的日常作業。研究結果顯示，為了滿足所有即將進
駐新辦公室的人員，空間規畫的底限如下：

- 每位工作人員配置100平方呎。

- 每個人的工作平面為30平方呎。

- 採封閉式辦公室或6呎高的隔板，以隔絕噪音（他們最後大約有
  半數專業人員分配到一或兩人的封閉式辦公室）。

［譯註］
100平方呎約2.8坪，30平方呎約0.84坪，6呎約180公分。

　　遵循以上的底限來打造新實驗室的理論基礎很簡單：在其中工作
的人需要空間與安靜才會有最佳的表現。壓低成本造就出連最低限度
都達不到的工作場所，勢必喪失效率，而且省下來的成本還不夠彌補
所損失的效率。也有其他研究對相同的問題進行觀察，所得到的結論
也都差不多，但只有麥丘的研究有一點點與眾不同：IBM真的遵照研
究建議，打造出一個讓人可以工作的場所（我們預料這家公司將蓬勃
壯大）。

　　根據IBM的工作場所標準底限，其他公司的情形如何呢？圖9.1
是我們對編程競賽進行統計，得到每名參賽者所分配到的工作空間分

---

[1] G. McCue, "IBM's Santa Teresa Laboratory," *IBM Systems Journal*, Vol. 17,
No. 1 (1978), pp. 320–41.

布情形。

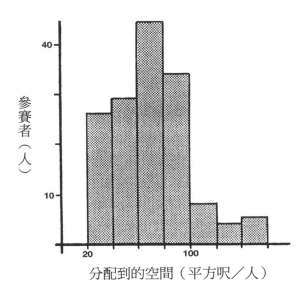

圖9.1　工作空間分布情形

　　只有16%的參賽者擁有100平方呎或更大的工作場所，只有11%的參賽者在封閉辦公室或隔間牆高於6呎的環境中工作，擁有20到30平方呎工作空間的參賽者比擁有100平方呎的參賽者還要多。（若低於30平方呎，代表你正在一個比聖塔特瑞沙辦公桌面積還小的地方工作。）

　　在所有參與編程競賽的人當中，有58%抱怨工作場所吵到令人受不了，61%抱怨不夠隱私，54%表示家裡另有工作空間，而且比公司的環境還要好。

工作場所品質與產品品質

工作場所又小又吵的公司會自我安慰這些因素並不那麼重要，例如，他們會把有關噪音的抱怨，解釋成員工為了爭取更大、更隱私的空間而發起的抗爭，畢竟，吵一點有什麼關係？吵一點才不會睡著。

為了判斷看待噪音的態度是否與工作成果相關，我們將編程競賽的參賽者分為兩組，一組認為工作場所夠安靜，另一組認為太吵，然後觀察這兩組各有多少人零瑕疵完成受測工作。

競賽前表示工作場所夠安靜的參賽者有三分之一的機率會交出零瑕疵的成品。

當噪音程度越惡化，此一趨勢似乎越強烈。例如，有一家公司派出50位參賽者，這些人舉報噪音無法接受的比例比平均值高出22%，該公司做出無瑕疵成品的參賽者，竟然大多出自於認為噪音程度可接受的那些人：

成品無瑕疵的員工：66%表示噪音程度可以接受
成品有一或更多瑕疵的員工：8%表示噪音程度可以接受

跟調查其他環境方面的關聯性一樣，我們在編程競賽展開之前，便要求參賽者評估自己工作環境的噪音程度。

請注意，我們並沒有對噪音程度進行任何具體測量，只單純地詢問參賽者對噪音程度接受與否，因此，我們無法區別到底是人真正在安靜的場所中工作，還是人已經完全適應嘈雜的工作場所（不受噪音影響）。不過，當員工抱怨環境太吵，這其實是在告訴你，他既不覺

得工作場所安靜，也無法適應這些噪音，同時，他有可能會出錯，你
忽略此一訊息是很危險的。

值得獲頒諾貝爾獎的發現

　　人的感覺有時候就是比平常還要更敏銳，對我們來說，這個值得
紀念的敏銳日子就是1984年2月3日，這一天，我們開始注意到人員
密度與每人分配到的空間大小有極大的關聯，也就是當其中一方升高
時，似乎另一方就會降低！身為審慎的研究人員，我們立刻把這種傾
向記錄下來，在一項遍及自由世界32,346家公司所做的研究中，我們
證實這兩者之間呈現出幾乎完美的反比關係（如圖9.2）。

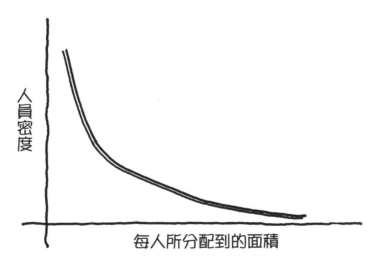

圖9.2　狄馬克／李斯特效應

　　請想像一下我們收集到這些數據時的興奮之情，我們終於體會歐姆（Ohm）發現歐姆定律時的激動，諾貝爾獎正是為此而設，請記住你是第一個目睹這項偉大發現的人：員工密度（例如，每千平方呎的員工數目）和每人分配到的空間大小成反比。

　　假如你正在納悶這有什麼好大驚小怪，就表示你沒有想到噪音，噪音與密度直接成正比，所以，把每個人分配到的空間大小減半，預料噪音將會加倍。就算你能證明程式設計師可以在30平方呎的空間裡工作，而且不會有瑟縮一隅的無力感，仍不足以做出30平方呎空間足夠的結論。30平方呎的噪音是100平方呎的三倍，這代表產品瑕疵充斥與零瑕疵的差別。

躲起來

　　一旦工作環境糟糕到令人沮喪，員工就會找地方躲起來。他們會預訂會議室或前往圖書館，或在咖啡廳流連忘返，不，他們不是在搞祕密戀情或密謀造反，他們只是想躲起來工作。好消息是你的部屬真的很渴望完成工作的成就感，他們會盡最大的努力做好工作。人一旦到了這個緊要關頭，就會想辦法找到一個能工作下去的地方，無論哪裡都好。

　　在我就讀布朗大學的日子裡，為了能度過每個期末交報告的瘋狂季節，要訣就是找到一個安靜的地方。布朗大學圖書館裡設有閱覽卡座，那裡唯一能把人趕走的只有火災警鈴，而且必須是真的發生火災。為了尋覓一個偏僻、讓別人找都找不到的卡座，我們

可成了專家。我最喜歡生物圖書館五樓的卡座，但我有一個朋友
更厲害，他甚至跑到美國圖書館的地窖──沒錯，就是停放捐獻
該大樓那名女士遺骸的地窖。那裡很涼爽，是大理石的，據我朋
友說，很安靜，非常安靜。

──李斯特

　　你要是朝會議室裡探頭一看，可能會發現三個人正安靜地工作；
午後晃到咖啡館，可能會發現幾個人坐著，一人一桌，桌上攤著未完
成的工作；有些員工根本找不到人，人都躲起來了，好把工作完成。
假如這些正是貴公司的寫照，無異是遭到了員工的控訴。在工作場所
省下一點小錢，可能會害你耗費更多大錢。

插曲

生產力評量與幽浮

插曲就是一段穿插在內容嚴肅（噢，好吧，相當嚴肅）
的書頁之間的奇幻枝節。

我們為什麼不乾脆在好跟壞的工作場所都評量生產力，如此便可
釐清環境與工作效率之間的關係？這種做法非常適合用於裝配生產
線，但如果被評量的是屬於偏腦力的工作，那效果就不會那麼明顯。
腦力工作者的生產力評量總是被貶為軟科學，對某些人而言，這只比
研究幽浮好一點。

[譯註]
硬科學（hard science）講求客觀，有非常嚴謹的推理論證，如：物理、
化學；軟科學（soft science）比較主觀，解釋彈性很大，如：哲學、社
會學。

欲檢驗工作場所對生產力的影響，實驗其實很容易設計：

- 評量在新工作場所完成的工作量
- 評量完成該工作的成本

● 　比較新舊工作場所的空間大小與成本

設計雖簡單，實行卻困難：例如，你如何評估市場研究、新電路設計，或新貸款政策開發的工作量呢？或許有一些新興標準（例如，軟體業就有），但這些都需要廣泛蒐集當地資料並建立內部專業評鑑。大多數公司甚至不打算評量腦力性質的工作量，也不對成本進行有效的評量。

組織裡為解決某一問題所花的時間總量或許有統計數字可尋，但對這些時間的質卻沒有任何說明（細節請參考第10章〈腦力時間與身體時間〉）。即使組織可以評量新工作場所的空間與成本，恐怕也缺乏過去相關的數據可供比較，經理人對這種問題可能會皺眉、嘆氣，然後做出生產力的變化令人難以理解的結論。但事實真的沒有那麼糟。

吉爾伯定律

有一年在倫敦的一場軟體工程研討會上，我與《軟體計量方法》（*Software Metrics*）一書的作者湯姆‧吉爾伯（Tom Gilb）共度了一下午，他曾發表多篇有關開發程序評量的文章。我發現有一個辦法很容易讓吉爾伯激動起來，就是暗示某些你必須了解的事情「無法評量」，這種說法對他簡直是一種侮辱。很榮幸，那天能聽到他講述有關評量的重要真理，那一聽就是那麼睿智、那麼令人鼓舞，當時便逐字逐句抄在我的筆記本，標題訂為吉爾伯定律（Gilb's Law）：

> 任何你需要量化的東西，都能以某種方式進行評量，而且比
> 完全不去評量要強。
>
> 吉爾伯定律不保證評量是免費或便宜的，也不見得會很完美——
> 但總比一無所知要好。
>
> ——狄馬克

生產力當然可以評量。假如你召集一群人做同樣或類似的工作，然後給他們一天時間拿出一套合理的自我評量機制，他們就會提出某些證實吉爾伯定律的東西，所產生的數據，再結合品管圈（quality circle）或一些同儕審查（peer review）機制，就可以幫助員工調整自己的工作表現，以及相互學習。計算整組評量的平均值，在管理上可做為一個可靠的指標，用以觀察改善辦公室環境各項參數的影響。

我們最熟悉的軟體開發領域，就有許多可用的生產力評量機制，甚至還有專人到府評估生產力的服務，然後告訴你在整個業界所處的位置。一家無法對自己生產力進行評量的公司，只是沒有用心去努力嘗試罷了。

你無法承擔一無所知的後果

假設有一種簡單耐用的生產力評量工具，而且此時此刻已用來評量你部屬的工作，再假設評量結果顯示，你這支團隊的生產力名列全公司同類工作的前5%，你一定很高興，踱在走廊上都帶著神祕的微笑，心中對這群部屬非常感念：「我早就覺得他們很不錯，但這真是

個好消息。」

　　哎呀，糟糕。評量人員又折回來告訴你，他們之前的報告把圖表弄反了，你的團隊其實是名列全公司倒數5%。這一天就這麼毀了，你心裡想：「我早該知道，誰會期待這群蠢蛋能做出什麼像樣的東西來？」之前欣喜若狂，之後卻心灰意冷，但無論是哪種情況，你都不特別驚訝，不管接到哪一種消息都不驚訝，因為你對自己的生產力根本一無所知。

　　各家公司之間的差異甚大，你實在不能不知道自己的位置在哪裡。同行競爭對手的工作效率可能是你的十倍，你要是不知道這一點，就不知道要採取什麼應對措施，只有市場會知道，市場會用自己的措施來調整局勢，而且是對你不太妙的措施。

評量時請閉上眼睛

　　工作評量在改善工作方法、激勵，以及增進工作滿意度上是很有用的工具，不過，一般幾乎都不是為了這些目的，評量機制反倒變得既駭人又沉重。

　　為了讓評量的概念發揮效力，管理上必須足夠敏銳與保密，以免使工具變得既駭人又沉重。換句話說，蒐集到的個人資料不能送交給管理階層，而且公司裡的每一個人都要知道這一點，針對個人表現所蒐集的數據僅能用於造福個人。評量機制是一種自我評估的練習，只有去除個人色彩的平均數值才能送給老闆。

　　許多管理者恐怕無法接受上述觀念，他們認為可以利用這些數據來讓工作更有效率（例如，精準地拔擢人，或精準地開除人）。既然

是公司花錢蒐集到的數據，憑什麼管理階層就不能看？但是，之所以能有效蒐集這些敏感的個人資料，係有賴於個人的積極與主動配合，這些資料一旦被洩露出去，或被用於對付某一個人，整個資料蒐集的機制就會崩潰瓦解。

　　事實上，個別員工看待這些數據的態度跟管理者並無二致，他們都會想去改善自己做不好的部分，或嘗試在自己熟悉的領域中精益求精。有人甚至會極端到「開除」自己，以使自己不再仰賴已證明是落伍的技術。管理者真的不需要靠個人資料來得到好處。

10
腦力時間與身體時間

如第9章提及的IBM聖塔特瑞沙辦公室研究，建築師麥丘及其同僚曾在動工前，試圖了解開發人員在從事不同工作模式時所耗費的時間。根據他們的結論，典型的員工一天工作時間分配情形如表10.1：

表10.1　開發人員如何運用時間

工作模式	耗費時間百分比
單獨工作	30%
與另一人工作	50%
與另兩人或更多人工作	20%

從噪音的觀點，此表的重要性不言而喻：員工一天之中有30%的時間對噪音很敏感，其餘時間則是噪音的製造者。由於工作場所中，有單獨工作的人，也有在一起工作的人，工作模式衝突在所難免，而單獨工作的人所遭受的干擾最大，雖然他們在任何時候所占的比例都不高，卻不能忽略他們。一個人真正做工作的時間是在獨處時，其他

時間則多用於次要活動、休息和聊天。

神馳

　　當一心一意埋首工作時，人會進入一種理想狀態，心理學家稱之為神馳（flow）。神馳是一種有如冥想、深深沉醉其中的狀態，人在這種狀態下會產生一股陶醉感，而且時間是在不知不覺中流逝：「我埋首工作，一抬頭，已過了三個小時。」不會有累的感覺，工作似乎是順其自然地往前進展。想必你一定經常處於這種狀態，我們在此就不多贅言。

　　並非所有工作者都必須進入神馳狀態才具有生產力，但從事工程、設計、研發、寫作或其他類似工作的人，則必須處於神馳狀態，因為這些需要高度集中精力的工作，只有進入神馳狀態才會做得好。

　　很不幸，神馳狀態並不像開關一樣說打開就能進入，進入主題之前需要緩慢地沉澱，先投入十五分鐘或更久的專心，而且在這段心靈洗滌的期間，你對噪音和干擾會特別敏感。干擾多的環境會讓人很難或無法進入神馳狀態。

　　就算已進入神馳狀態，仍然會被針對你而來的干擾（例如，你的電話）或頑固的噪音（「注意！呼叫王小明，王小明請撥分機……」）而中斷神馳。每次中斷，就必須從頭再來一段心靈洗滌，心靈洗滌的時候，你並沒有真正在工作。

永遠神馳不起來

假如一通電話平均耽誤你五分鐘，心靈洗滌需要十五分鐘，那麼在神馳狀態（工作時間）接一通電話，就一共耗費二十分鐘，接個十來通，就耗掉半天了，再來十幾個別的干擾，剩下半天也沒了，難怪「從早上九點到下午五點根本做不了任何事」。

除了喪失有效的工作時間，伴隨而來的挫敗感也很要命。一次次試圖重返神馳狀態，卻每次都被打斷，員工不會有好心情，處於箭在弦上不得不發之際，卻落得硬生生被拉回現實，渴望專注思考卻不可得，還得不斷把心力用在適應現代辦公室強加在他身上的各種混雜指令間的切換。表10.2是一位編程競賽參賽者所填寫的工時紀錄卡，想像一下你要是她，會作何感想。

表10.2　編程競賽工作時段紀錄片段

工作起迄時段	工作類型	打斷工作的原因
2:13－2:17	寫程式	電話
2:20－2:23	寫程式	老闆過來聊天
2:26－2:29	寫程式	同事來問問題
2:31－2:39	寫程式	電話
2:41－2:44	寫程式	電話

這種情況若經常發生，大概所有人都要準備找新工作了。身為管理者，你也許比較不能體會無法進入神馳狀態的挫敗感，畢竟，你大部分的工作就是干擾別人——這就是管理——但為你工作的人需要進

入神馳狀態，任何妨礙都會有損其工作效率與滿足感，此外，也會增加完成工作的成本。

記錄進入神馳狀態的工時

　　恐怕貴公司目前所使用的還是傳統的工時記錄制度，也就是假設工作量與支薪時數成正比。員工在這種制度下填寫工時紀錄卡，將無法區分哪些時間是用在有意義的工作上，哪些時間純粹只是耗在挫敗之中，也就是說，他們舉報的是身體時間（body time），而非腦力時間（brain time）。

　　更糟的是，工時資料還攸關薪水，無論員工這一週加了多少班，或打了多久的混，都必須確保自己填寫的工時總數符合每週預定的份量，而支薪部門也欣然接受這種徒具形式的表面功夫報告：相當於點名，員工舉手答「有」。然而，在進行生產力評估或分析支出流向時，這種糟糕的紀錄毫無用處。

　　神馳和心靈洗滌的現象提供我們一個更貼近真實的方式，去了解時間是怎麼被花在開發工作上。你有多少時間在辦公室並不重要，重要的是你全速前進的時間是多少，神馳一小時，的確可以完成某些事，但十個六分鐘的工作時段，中間穿插十一次干擾，這可完成不了任何事。

　　計算處於神馳狀態的時數並不複雜，原本是記錄工時，現在改為記錄不受干擾的工時。為了取得最正確的數據，你必須保證，不受干擾的工時太低也不會受罰。你必須讓部屬明白，假如他們一週內只有一、兩個小時不受干擾，這並不是他們的錯，而是公司的錯，因為公

司沒有提供他們一個有助於進入神馳狀態的環境。當然，這些數據也不能送給支薪部門，你還是得保留一些身體時間的報表以供發薪之用。

記錄神馳時間而非身處辦公室時間的工時計算機制，能帶給你兩大好處：第一，這能讓你的員工把焦點放在神馳時間的重要性。假如他們學會每天至少應該要有兩、三個小時不受干擾，就會採取捍衛這些時間的行動，這種干擾意識（interrupt-consciousness）有助於他們不再遭受旁人的隨意干擾。

第二，這提供了有意義的工時紀錄。假如某個產品估計需要三千神馳小時才能完成，當紀錄顯示已用了兩千神馳小時，你自然有正當理由相信已完成了三分之二，這要是用身體時間來分析，就太愚蠢也太危險了。

E因子

倘若你認同一個好的工作環境應該提供員工進入神馳狀態的機會，那麼蒐集不被干擾的工時數據，便可做為有意義的衡量基準，用來評斷工作環境是好是壞。只要不受干擾的時間在整體工時中占有極高比例，大概達40%左右，就意味著該環境能夠讓員工進入其所需要的神馳狀態。比例越低，就意味挫敗感與低落的效率。我們將這種衡量基準稱之為環境因子（environmental factor），或E因子：

$$E因子 = \frac{不受干擾的時間}{置身工作環境的時間}$$

我們在蒐集E因子數據時，有一點頗令人驚訝，就是單一組織的數值會隨不同辦公地點而不同。例如，我們在某大型政府機構測得的E因子數值，最高是0.38，最低是0.10，該機構的主管向我們信誓旦旦，他們工作場所的特性是由政府政策與公務員職等所決定，所以無論實體環境有多糟，都無法改變。儘管如此，我們發現某些辦公地點屬於擁擠、嘈雜的開放式隔間，而在其他地點做同樣工作且同樣職等的人卻擁有舒適的四人辦公室，四人辦公室的E因子數值當然比較高。

E因子也可能對現況造成威脅（可能的話，你最好不要蒐集這些數據），例如，假若你指出合理的辦公空間E因子是0.38，而壓低成本的辦公空間E因子是0.10，這就會讓人覺得壓低成本的做法不合理。一件相同的工作，比較處在E因子0.10和0.38的員工所必須投入的身體時間，前者會是後者的3.8倍，換句話說，在壓低成本的辦公室裡工作，員工績效所受到的負面影響將遠超過節省下來的空間成本。顯然，絕不能讓這種邪說流傳開來，否則就不能繼續把員工硬塞在一塊來「省錢」了，我們得趕快在有人看到這段話之前，先把這本書燒了。

頭巾花園

當你一開始評量E因子時，若發現它幾乎等於零，也不必感到驚訝。有些人可能還會笑你，竟然妄想記錄不受干擾的時間：「這個鬼地方怎麼可能會有不受干擾的時間。」別氣餒，謹記你在蒐集數據的同時，也在幫助別人改變態度。藉由例行記錄員工不受干擾的時間，

你等於正式認可員工應該至少要有一些免於干擾的時間，這個概念允許員工躲起來、不接電話或關起門來（唉，要是有門的話）。

我們某位客戶的辦公地點在蒐集E因子數據後幾週，突然發生所有辦公桌夾板都長出紅色頭巾的奇特生長現象。擺出頭巾就代表「請勿打擾」，這並非管理階層的規範，乃是出於眾人的集體共識，而且每個人很快就了解紅色頭巾的意義，並予以尊重。

當然，總會有某些怪人率先豎起「請勿打擾」的牌子，但一般人往往受制於同儕壓力，即使只是一小段時間，也不敢表明不喜歡被打擾。適度強調E因子有助於改變這種企業文化，並使不想被打擾的觀念受到接納。

工作時思考

在貝爾實驗室的那幾年，我工作的地方是一間兩人辦公室，寬敞、安靜，而且電話可以轉給別人接。我的室友是日後成為電子玩具製造小霸王的溫道爾‧湯米斯（Wendl Thomis），當時，他的工作是製作電子交換系統故障辭典（Electronic Switching System fault dictionary），這份工作需要N空間近似（N-space proximity）的概念，已吃重到考驗溫道爾的專注能力。一天下午，我正忙著編製一份程式列表，溫道爾兩眼凝視遠方，兩腿抵著桌子。我們老闆進來問道：「溫道爾，你在幹麼？」溫道爾說：「我在思考。」老闆接著說：「你不能在家裡做這件事嗎？」

——狄馬克

　　貝爾實驗室的環境和典型的現代辦公室之間，差別就在於待在安靜的辦公室裡，人至少在上班時間可以思考。當今我們所見識過的辦公室中，大部分的噪音和干擾都多到想認真思考一下都辦不到。再講下去就很丟臉了：每天早上，你的部屬帶著腦子來上班，不用額外的開支，他們就可以啟動腦子為你工作，只要給他們一個稍微和諧與寧靜的工作場所就夠了。

11
電話

當你開始蒐集有關工作時間品質的數據時，一定會注意到重要的干擾源之一：來電。一天接個十五通電話沒什麼大不了，是沒什麼大不了，但接完電話後，重新進入神馳狀態的時間卻可能耗掉你一整天。當這一天結束時，你想不透時間都用到哪去了，甚至不記得有誰打電話來，以及為何來電，就算其中有幾通電話很重要，也不值得打斷你的神馳狀態。但誰能忍受讓電話一直響呢？光是想像這種景況，就有夠令人神經緊張。

想像另一個現實的可能

現在請放鬆心情，想像一個比較不複雜的世界。一個電話還沒有被發明出來的世界。你靠寫字條跟別人約吃中飯或開會，對方也以字條回應，每個人在事前都會多做一些規畫，早上花半小時看信與回信是很稀鬆平常的事，生活裡沒有響亮的鈴聲。

貴公司的退休金信託投資委員會預計在週三上午開會，而你正好是員工代表，有責任看緊大家的荷包。會議當天，有位發明家要向委

員會做簡報，只要你們願意投資此人的新發明，他就可以改變全世界。他的名字就叫貝爾。

「各位女士、先生，這就是貝爾電話！」（他拿出一個黑盒子，盒旁邊有個彎把，盒上方連著一個很大的鐘型傳聲筒。）「這就是未來。全美國每一張辦公桌都會放上這麼一個東西，家裡也一樣！屆時，世人將無法想像沒有這玩意兒的世界。」

經過一番熱身進入主題，他便開始全場比手畫腳兼手舞足蹈，「貝爾電話無論放在哪裡，都跟埋在地下或掛在天上的纜線連在一起。現在，這一點最令人興奮：你可以讓你的貝爾電話通到別人的貝爾電話，即使這兩具電話分別位在城市的兩端，或甚至在不同的城市。當你鍵入一組號碼讓兩具電話連線後，就會讓另一個人的貝爾電話發出聲響。這可不是什麼老掉牙的鈴聲，而是真正能讓你心臟停止跳動的那種。」

他在會議室另一頭架好第二具電話，並使之與第一具相連，然後在第一具電話的面板上輕盈地撥號，另一具電話因此活了起來，發出非常大聲的鈴鈴鈴鈴鈴鈴鈴鈴鈴鈴鈴！半秒之後，它又響了一次，然後再響，一直響，震耳欲聾。

「現在，那邊的人要怎樣停止鈴聲呢？這要跑到貝爾電話旁邊，拿起話筒。」他拿起正響的那具電話的話筒，並將話筒交給其中一位委員，然後跳回另一頭，對著第一具電話的話筒大喊：「喂！喂！你聽得到嗎？看到了沒，他的注意力完全在我這裡，現在我可以向他推銷東西、請他借我錢、說服他改信別的教，想幹麼就幹麼！」

委員會看得目瞪口呆，你舉起手，甘冒不諱問了一個問題：「既然鈴聲一響大家都聽得到，為什麼還要讓它一直響呢？」

「啊哈，這就是貝爾電話的完美所在，」貝爾說。「貝爾電話絕不會給你機會猶豫要不要接，鈴聲一響，無論你在忙什麼、有多投入，都得放下一切去接電話，否則，你知道它會一直響下去。我們會賣出幾十億具貝爾電話，而且每一具都不會只響一聲。」

委員會聚在一起會商，但很快就做出決定，眾人無異議通過把這個神經兮兮的貝爾先生趕出去。這簡直就是一大干擾，你們才不會笨到去裝上這玩意兒，否則辦公室沒人做得了工作。這個貝爾電話用不了幾年，搞不好我們全都會淪落到跟台灣和韓國買東西，甚至導致美國的貿易入超呢。

來自地窖的故事

當然，時光無法倒流，電話已占據了我們的生活，你擺脫不了電話，也或許不想擺脫。為了免於暴動，你肯定不能把別人桌上的電話移走，但你還是可以採取若干步驟，以減少電話干擾所造成的負面衝擊。最重要的，就是必須了解我們對時間的安排已任由電話支配到何種地步。

你是否經常為了接電話而中斷與同事或朋友的談話？你當然是，你甚至從未想過不接這通電話。你的行為違反了最普通的公平原則，枉顧先來後到的順序，就因為他們很大聲地（鈴鈴鈴鈴鈴鈴鈴鈴鈴！）要你注意。你不只對別人枉顧先來後到，也任由別人對你這麼做，你習慣被虐待，甚至沒注意到已經被虐待，只有在以下這個極端不合理的情況，才會注意到有些事情根本大錯特錯：

我二十幾歲時，有一次在摩根汽車有限公司紐約經銷商的零件部門排隊，我的摩根汽車（唯一款式）有點問題，想買些新的化油器針閥。開這種英國跑車的人無疑都是受虐狂，但我們在零件部門排隊時所受到的待遇也太過分了。當大家排隊等候時，接待員卻不斷忙著接電話，好不容易輪到我排到最前面，接待員在我能吐出第一個字前就先接了四通電話。我開始想，那些窩在家裡舒舒服服打電話的人，憑什麼比我們這些來現場排隊的傻瓜享有更大的特權？這些只是打來詢問的人，憑什麼比已準備掏錢購物的顧客先獲得服務？在盛怒之下，我建議他任由電話去響一會兒，先處理排隊的人。令人驚訝的是，他比我對他的生氣還更生氣，他氣呼呼地告訴我，電話優先於人，就是這樣。我的不悅就跟我不喜歡大西洋一樣沒有意義，生活的事實不會為我而改變。

——狄馬克

電話重新塑造了我們處理事務的方法，這已是理所當然，但我們對這種干擾的影響不應視而不見，至少，對努力做事的員工所造成的影響，管理者應有所警覺。然而，頭號問題人物卻往往是管理者。1985 年編程競賽的一位程式設計師在他的工作環境調查問卷中寫道：「我老闆一外出，就把他的電話轉到我這裡。」這位經理人到底在想什麼？以下是某位系統部門主管的備忘錄片段，這是什麼心態：

「我注意到你們有些人一忙起來就不接電話，任由電話響三聲後轉給祕書，祕書在這種干擾下根本沒有工作效率可言。現在正式下達政策，當你桌上的電話一響，就必須在響三聲以前接電話……」

修飾過的電話道德

真是夠了。使工作環境邁向健全的道路，在於以新的態度來面對干擾和電話。負責做好工作的人必須享有某種程度的和諧與寧靜，這意味工作時段不宜受到任何干擾，當這些人希望在神馳狀態工作時，就必須享有某種具備效率且令人接受的不接電話政策，「令人接受」意味企業文化能理解員工有時不想被電話打擾，「效率」意味員工不必等到鈴聲結束就能恢復工作。

有一些可行的做法可以讓員工在必要時完全不受電話或其他干擾的影響。（其中有些需要花錢，只有眼界超過下週二的公司才會採行。）

電子郵件甫問世時，最被稱頌的價值在於節省紙張，然而，跟節省重返神馳狀態的時間比起來，省紙根本微不足道。電話與電子郵件最大的差異，就是前者會造成干擾，而後者不會，受訊方可隨自己方便收信、回信。電子郵件的流量已證明優先考量「受訊方的便利性」，對絕大部分的事務溝通而言是可行的，員工在經過一段適應期之後，就會開始偏好電子郵件甚於內線電話，來電雖未因此消失，但起碼減少很多。

現在我們絕大多數都能接受語音郵件與電子郵件，其中的祕訣並不在科技，而在於習慣的改變。（親愛的讀者，請注意這個一再出現的主題。）我們必須學會自問，這個消息或問題值得打斷我的工作嗎？在等待回應期間，我可以繼續把工作做完嗎？此一訊息需要立即確認嗎？假如答案是否定的，這些事能等多久而不造成麻煩呢？

一旦你會問這些問題，哪一個才是最適合你的溝通模式，往往答

案已經很明顯。

自相干擾的多工

當你所從事的是腦力密集的工作，例如設計，干擾就是生產力的殺手。假如除了和同事一起設計產品之外，你還兼任銷售和市場支援，那麼，只要一有電話，你都得接。假如你兼任的是另一產品的客服工作，情況也一樣。

倘若知識工作者的狀況已到達多工（multitask）的地步，管理者就有必要考量這些不同工作的神馳需求，交錯思考和極度干擾是使人受挫的最好辦法，特別是，這保證培養不出任何合理的電話道德（我在工作，請勿打擾）。

不管你用什麼花招，更重要的是態度的轉變，大家都得學習有時不接電話是正常的，管理者也必須理解這一點。知識工作者的工作，特徵就是：除了時間的量，時間的質也很重要。

本章大致看來，可能會讓你覺得：

電話：不好；電子郵件：很好

但其實沒那麼單純，細節請參考第33章〈電子郵件之惡〉。

12
把門找回來

打造一個合理的工作場所,可從很多地方看出成敗。象徵成功最明顯的就是門,只要有足夠的門,員工就可以視需要來控制噪音與干擾的程度;象徵失敗最明顯的就是廣播系統,為了找一個人就徹底干擾所有的人,表示這種組織根本不了解打造一個有助於工作的環境有多重要。

你若能掌握這些象徵,除了表示你很重視營造一個可工作的環境之外,也將立即得到隨之而來的好處:你的部屬可以開始好好工作了。不過,想廢除廣播系統並把門找回來,聽起來好像在唱高調。這些改變我們真的做不到嗎?

不到最後,絕不放棄

過去數十年來,我們大多數人的工作條件越來越糟,主要原因就是我們這些受害者始終保持緘默。這並不是說,只要有一名受害者表示:「不,我不想待在嘈雜、擁擠、缺乏隱私的地方工作。」就可以遏止這種趨勢。真正的意思是,我們這群受害者的聲音不夠大,特別

是為了節省空間經費以致降低生產力的抗議之聲不夠大。

儘管大多數人都相信嘈雜、擁擠的空間有損生產力，卻依然對此保持沉默，因為我們缺乏可靠的統計證據來佐證我們的觀點。不過，認為擠在一起工作跟在合理一點的環境裡工作都一樣有生產力的傢俱糾察隊，同樣也不曾提供任何證據來支持他們的論點，他們只堅稱自己是對的。

我們應該學習他們的「以毒攻毒」之道，因此，邁向健全工作環境的第一步，就是一套不斷重申的程序。你要是相信所處的環境不利於工作，就該明白表達己意，你還應該邀集眾人針對此一主題進行討論，也許順便調查一下大家對工作條件的看法。（我們有位客戶的公司就有類似的調查，員工舉出七點不利於工作之處，也就是他們認為會限制生產力的東西，而前四點都與噪音有關。）

一旦大家開始了解自己的感覺並不孤單，環境意識便會提升，隨著這種意識的提升，就會有兩件好事開始發生：第一，當人們越來越在意噪音與干擾，環境就會逐漸改善；第二，受害者不再保持緘默。如此一來，管理階層若不先注意一下環境，想採取其他改善生產力的行動都會變得比較困難。

不過，可別期望當權派會因為你挺身而出就滾在地上裝死，你很快就會面臨（至少）三個反對聲浪：

- 沒有人會在意辦公室是否光鮮亮麗，員工對此都足夠聰明，會在意的人只是想藉此提高地位。

- 噪音或許很惱人，但除了改變實體空間布局，還有更簡單的處理方式，我們可以播放白噪音或背景音樂來掩蓋噪音。

- 封閉式辦公室不是一個有活力的環境，我們希望員工能多多相互
  交流，而員工也希望這樣，所以保留牆與門根本是錯的。

[譯註]
以顏色來表示噪音是借用光譜，把人耳所能聽到的頻率範圍套上顏色，
由低頻到高頻依序對應到紅、橙、黃、綠、藍、靛、紫。若每一個頻率
上的聲音能量都均等，就像具備所有顏色的白光，這種聲音便是白噪音
（white noise），可用來遮蔽所有頻率的聲音。若針對人類講話的聲音能
量與頻率，則以粉紅噪音（pink noise）的遮蔽效果最佳。

我們分以下三個小節來克服這些障礙。

光鮮亮麗的問題

一般人的確不太會在乎是否光鮮亮麗。無數的研究顯示，員工並
不注重室內裝飾的選擇，例如，哪一種顏色的面板或裝置。感覺上似
乎是說，令人沮喪的環境有損生產力，但只要辦公室不令人沮喪，你
就可以高興地無視乎辦公室的設計而專心工作。如果我們的目的是要
打造一個不引人注意的工作場所，那麼把錢花在趕時髦的裝潢就是浪
費。

事實上，員工對辦公室的外觀不甚在意，通常都被誤解為不在乎
工作場所的特性。你若特別針對噪音、隱私，以及桌面大小徵詢他們
的看法，就會聽到跟這些特性有關的強烈意見，這項發現很符合一個
觀點，亦即不引人注意的工作場所就是理想的工作場所；一個令人不

得不注意的工作場所，就是不斷有干擾、廣播、折磨員工情況的工作場所。

我們發現，員工對環境表示關切卻被斥為想高人一等，真是讓人情何以堪——因為更常見的情況是，高階管理者在設計員工的工作空間時，所秉持的正是高人一等的心態。一個努力工作並準時交出高品質產品的員工，才不會在乎辦公室的外觀，但老闆卻會，所以我們會看到一個很矛盾的現象，完全不用來工作的空間卻做些又貴、又無意義的裝潢，厚絨地毯、鑲金框銀的傢俱、巴西鐵樹所占的空間比員工的工作場所還大，還有精雕細琢的面板。下次有人得意地向你展示新設計的辦公室，請仔細思索，他所炫燿的是這個空間的功能性，還是外表。答案通常是外表。

工作場所的設計往往過分強調外觀裝飾，其實更要緊的，是工作場所有助於工作，還是有礙工作。有助於工作的辦公空間絕非地位象徵，而是必需品，與其把錢花在喪失生產力的地方，不如花在它本該花的地方。

創意空間

面對員工對噪音的不滿，你能做的不是治標，就是治本。治本，意味藉由阻隔物——牆與門——做為噪音的屏障，而這些都要花錢。治標則便宜許多，裝設背景音樂或其他形式的粉紅噪音，花點小錢把擾人的噪音壓下去。你若乾脆什麼都不管，還可以更省錢，員工為了克服噪音，就會戴上耳機和iPod，這兩種治標做法無論何者，預料都會在員工的工作表現上付出無形的代價：他們將缺乏創意。

1960年代，康乃爾大學的研究人員曾做過一系列的實驗，研究邊聽音樂、邊工作的影響。他們找來一群資訊科學系的學生，將之分成兩組，一組喜歡邊聽音樂、邊工作（讀書），另一組則否。兩組人各有一半被安排在一間安靜的房間，另一半則安置在另一間配有耳機與音樂選擇的房間，所有受試者都被賦予一項程式設計的問題，並且必須按照規格去解決。結果並不令人意外，無論速度或正確性，兩個房間裡的受試者表現幾乎不相上下。任何一位邊聽音樂、邊做數學習題的小孩都知道，負責數學演算與邏輯的那半邊腦並不會受到音樂的影響——負責聽音樂的是另半邊腦。

不過，康乃爾的實驗另有玄機。根據那份規格，輸入數字要透過一系列的操作才得到輸出數字，例如，將每個數字向左移兩位數，再除以一百等等，從頭到尾大概十來個步驟。儘管規格沒有明說，但這些步驟做完的效果，就是每一個輸出數字都必定等於輸入數字。有些人看出這一點，有些人則沒有，而看出這一點的人，絕大部分來自於那間安靜的房間。

專業工作者每天有許多工作需要仰賴左腦一系列的處理來完成，音樂並不會特別干擾這些工作，因為咀嚼音樂的是右腦。不過，並非所有工作都是由左腦負責，偶爾一個嶄新的突破會令你大喊「啊哈！」引領你走向或許可省下數月或數年時間的巧妙方法，這些創意靈感來自於右腦，但假如此時右腦正忙著聽1001首管絃樂，就不會有這種創意靈感了。

因不良環境所造成的創意消失是在不知不覺之間發生的，由於創意出現的頻率不高，所以我們通常不會注意創意減少。人類的創意靈感是沒有配額的，創意減少的效應要經過長時間累積才會看得出來，

也就是組織缺乏效率、員工在機械性工作下激發不出任何一絲火花、好手都跑掉的時候。

有活力的空間

反對封閉式辦公室的主張，到最後都會圍繞在單獨工作「枯燥無味」。不過，封閉式辦公室不見得就是一人辦公室，兩人、三人、四人辦公室會更有意義，特別是同辦公室的人剛好就是同一工作小組的成員。如此一來，本來員工有一半時間要花在跟別人相處，現在這些時間多會花在特定的人身上，這些人本來就最適合分配到同一間辦公室。

即使是開放式辦公室，也應該鼓勵一起共事的員工藉由改變隔間，把他們的區域聯合起來成為一個小套間。一旦允許這麼做，員工就會發揮正面的創意來規畫這塊區域，以符合他們的需求：工作區、會議區、交誼區。由於他們傾向於同時交流、同時進入神馳狀態，所以他們彼此受到噪音的影響會比隨機選擇室友要少。透過既容易、又自然的人際交流，便會營造出一個具備活力品質的空間，員工會把所屬空間可自治的程度視為一種額外的福利。

打破整齊劃一的公司

將個人隔間重新組織，轉變為多人共享的開放式套間，還有比這個更不具威脅性的做法嗎？貴公司可能已經買了所謂的「辦公室系統」（也就是沒有辦公室），它最大好處之一，就是彈性，至少簡易

隔板系統公司的廣告單是這麼寫的，所以，它的套件應該很容易移動和組合。讓員工自組一個小套間也許並不具威脅性，但我們預料，公司高層一定有人非常痛恨這個主意，問題出在它違反了神聖的整齊劃一原則。透過讓所有東西整齊劃一，領土「擁有人」得以行使並宣示其控制權，就像農夫沿著拉緊的線埋下種籽，以便長出一排整齊劃一的胡蘿蔔，若是這種管理者，就會把天性（此處指的是人類的天性）偏好沒有秩序的一面視為威脅。

世事未能盡如人意之處，就在於最佳的工作場所是無法完全照抄的，某個人認為充滿活力、可促進工作的場所，對其他人可不見得如此。你要是放手讓底下去做，他們就會按自己的需要來打造自己的空間，其結果就不會是整齊劃一，每個人、每個小組的空間都會有其獨特性，若非如此，他們就會回去把空間改到具有獨特性為止。

最佳的管理，應該要確保員工擁有足夠的空間、足夠的安靜、足夠的隱私，以使他們能夠創造出屬於自己的合理工作場所，整齊劃一在此根本沒有置喙的餘地。當人們掛起怪照片、桌面紊亂、到處移動傢俱，或合併辦公室，你只能微笑忍受。員工一旦遂其所願，就能全心全意工作下去。

13

雨傘步
（辦公空間的永恆之道）

[譯註]

本章原文標題 Taking Umbrella Steps 的由來是：美國有一種兒童遊戲叫做「媽咪，我可以嗎？」（Mother, May I?）玩的時候，所有小孩站成一排，「媽咪」先與他們保持一定的距離，然後輪流向每個小孩說用哪一種步伐走多少步，例如：「瑪麗，妳可以走三步雨傘步（umbrella step）。」此時，瑪麗必須記得回答：「媽咪，我可以嗎？」否則就得回起點重新開始。媽咪說「可以」後，瑪麗便開始按照說好的走法前進，最後看哪個小孩先抵達媽咪的位置。雨傘步是一隻手放在頭上方，另一隻手彎向背後，每前進一步，身體也要三百六十度轉一圈，其他還有巨人步（giant step）、嬰兒步（baby step）、青蛙步（frog step）……等等，每一種步伐都相當於一種前進的模式（pattern）。

本章是有關工作環境的最後一章，我們將探討理想工作場所的特色，並嘗試解答一些問題，像是：

● 哪一種類型的空間，最能使員工覺得舒適、愉快，並具有生產

力？

● 哪一種形式的工作場所，可以讓這些員工對自己、以及對工作有最佳的感受？

假如你是在一個嘈雜、很講求整齊劃一的企業環境裡工作，這類問題對你來說似乎有點殘酷，不過，還是蠻值得思索一下理想的工作空間，說不定哪一天就讓你站上可以讓它成真的位置。即使現在，你也需要對改善工作場所的做法給予一些關注，稍微研究一下「空間」這個主題乃是明智之舉，可以讓你知道正確的方向。就我們的看法，工作場所的設計必須能通過時間的考驗。

有一種建築的永恆之道。

它歷數千年而不衰，迄今始終如一。

古代偉大的傳統建築物，像是令人感覺賓至如歸的村莊、帳篷和廟宇，往往其建造者都是以此永恆之道為中心思想。若無此道，便不可能造就出偉大的建築、偉大的城鎮、美麗的處所，一個讓人感受到自身存在、感受到生命活力的處所。此外，你會發現，永恆之道將引領著所有追尋者，創造出形式上如樹木、山丘，以及我們的容顏般古老的建築。

——克里斯多福・亞歷山大，《建築的永恆之道》❶

建築師兼哲學家克里斯多福・亞歷山大（Christopher Alexander）以其對設計過程的敏銳觀察聞名於世，雖然他是用建築術語來表達

❶ *The Timeless Way of Building* by Christopher Alexander (1979): 106 words (p. 7) © 1979 by Christopher Alexander. "By Permission of Oxford University Press."

理念，但其中某些見解的影響卻遠遠超越了建築領域。（例如，亞歷山大所寫的《形之合成》〔*Notes on the Synthesis of Form*〕一書，現已成為各行各業設計師必備的聖經。）他與環境結構中心（Center of Environment Structure）的同事們著手對優秀建築設計的要素進行彙整，成果就是三大冊的《建築的永恆之道》，這部巨著的影響目前尚無定論。亞歷山大認為最現代的建築毫無內涵可言，是故許多現代建築師多少都有點反對亞歷山大及其理念，但是當你手持這部書，對照自身的經驗來檢視書中的論點，你很難不站在亞歷山大這一邊。他的室內空間哲學實在令人激賞，有助於你去了解為什麼有些空間會受人喜愛，而另一些總是讓人感到不自在。

亞歷山大的有機秩序理念

　　假定貴公司正要打造一個新的複合空間，第一步是什麼呢？幾乎可以肯定是主計畫（master plan）的推展，然而在大多數情況下，這卻是背離《建築的永恆之道》最具毀滅性的第一步。一個充滿活力、動人、和諧的空間，絕對不是這樣發展出來的。主計畫帶來的是宏大與雄偉、鋼鐵與混凝土、模組化與複製，打造出一整個龐大的單一結構體，結果就是了無生氣的整齊劃一，以及一個除了可用來歌頌某個上位者之外、任何人都不適用的空間。

　　大部分單調劃一的企業空間只能被理解成一種權位象徵，對促成該空間得以建造的上位者而言，此乃用來宣示他們至高無上的印記，以及流傳後世之功，他們意氣風發：「眾霸主，看我的豐功偉業，你們也當絕望！」的確，絕望正是你唯一所能做的，你的隔間不

斷被複製，綿延到天邊，讓人覺得有如一只被編號的齒輪。無論是TransAmerica公司在舊金山的歐威爾大樓，還是AT&T那幢位於麥迪遜大道上的皇陵，結果都同樣令人鬱悶：一種壓得教人窒息的感覺。

主計畫企圖施加獨裁秩序，以單一而一致的觀點主宰一切，沒有哪兩個相同機能的處所是用不同的方式來達成。此一獨裁觀點的副作用，就是將建築設施的概念凍結於時光之中。

取而代之的，亞歷山大提出了亞計畫（meta-plan），根據這項理念，建築設施可透過演化的形式來成長，以符合居住者的需要。亞計畫包含三部分：

- 逐漸成長的哲學
- 由一組模式（pattern）或共享設計原則來主導成長
- 由即將進駐該空間的人來掌控局部的設計

根據亞計畫，建築設施經由一系列的小步驟，演化成建築物彼此有所關連的校園與社區。透過對共享原則的尊重，保有了視覺上的和諧，而非千篇一律，一如成熟的村莊，將會展現一股經過演化的魅力。這就是亞歷山大所說的*有機秩序*（organic order），如以下所述，以及圖13.1。

當環境中個別部分的需求與整體需求取得完美的平衡時，便會流露出自然或有機的秩序感。在有機的環境裡，每個地方都是獨一無二，而不同地方卻能相互呼應，沒有遺漏，於是建立起一個整體──其中的每一個份子都認同的整體。

劍橋大學就是一個完美的有機秩序範例。這所大學最美麗的特色之一，

就是各學院——聖若望、三一、三一堂、克萊、國王、彼得屋、皇
后——座落於該鎮主街與河流之間的通道。每一所學院都是一個宅院體
系，每一所學院都有通往街道與河道的出入口，每一所學院都有跨越河
流、通往彼岸草地的小橋，每一所學院都有自己的船屋與河岸步道。儘
管每一所學院都重複著相同的體系，卻各具特色，這些宅院、出入口、
橋、船屋、步道，統統不一樣。

——克里斯多福·亞歷山大，《奧勒岡實驗》❷

圖13.1　瑞士小鎮，一個沒有主計畫的有機秩序範例❸

---

❷ *The Oregon Experiment* by Christopher Alexander (1975): 188 words (pp. 10–11)
© 1975 by Christopher Alexander. "By Permission of Oxford University Press."
❸ 出處同前，p. 46.

模式

在《建築的永恆之道》中的每一個模式，就是一種成功的空間及其內在秩序的抽象描述。這套巨著最主要的一冊《建築模式語言》（*A Pattern Language*）共闡述了253種模式，交織成一套前後連貫的建築觀點。在這些模式中，有些與光線和寬敞的空間有關，有些與裝飾有關，有些與內、外在空間的關係有關，有些與成人、孩童、老人的空間有關，有些與圍繞和穿梭在封閉空間的動線有關。每一種模式都以一句簡單的建築格言來呈現，並搭配一幅闡明該模式的圖片，以及教訓，另外，還有一段針對該模式前因後果的討論。以第183模式為例，亦即工作場所的封閉性（Workspace Enclosure），請參考以下摘錄說明：

> 若工作場所過於封閉或者暴露，其中的人就無法有效率地工作，好的工作場所應力求平衡……身後有牆的工作場所會讓你感到較為自在……在你前方八呎以內，不該是一道沒有門窗的牆。（你工作時，偶爾都會抬起頭，把焦點放在比桌子更遠的地方，讓眼睛休息。假如你前方八呎內有一道沒有門窗的牆，眼睛便無法改變焦距，也就無從得到休息，這種情況會讓你感到過於封閉。）……除了由你發出或來自於你所在位置的聲響，其他噪音都不該聽得到，你的工作場所應該要封閉到足以隔絕這些不同類型的噪音。證據顯示，假如周遭的人做的工作跟自己一樣，人就會更專注於工作，反之則否……工作場所應能讓你自在地轉向不同的方向。
>
> ——克里斯多福・亞歷山大，《建築模式語言》❹

圖13.2　工作場所的封閉性[5]

　　針對各自專案的特性，開發團隊有必要量身訂做一套新的模式，以補253種基本模式之不足。為此，我們自告奮勇擔任團隊成員，在以下四個小節提出補充模式。我們要做的就是為需要動腦思考的人，設計出合理的工作場所，四個模式分別鎖定當今制式空間裡的四大謬誤。在闡述這些模式時，將借重我們的客戶在打造工作場所上的成功經驗。

[4] *A Pattern Language* by Christopher Alexander (1977): 170 words (pp. 847-51)
© 1977 by Christopher Alexander. "By Permission of Oxford University Press."

[5] 出處同前，p. 846.

第一個模式：利用組合套件量身訂做工作場所

當今的模組化隔板是妥協下的代表作：給你的是沒有任何意義的隱私，卻又讓你有被孤立的感覺。這很難讓你免於噪音和干擾，有時，噪音和干擾源甚至會主動傳送到小隔間裡。你被隔離，是因為孤獨的狹小空間裡僅容得下你一人（宛如一個拿掉馬桶的馬桶隔間），這種空間很難讓人獨自工作，而且幾乎無法參與跟工作有關的社交。

對獨自工作的人而言，個人化模組所提供的是品質差勁的空間，對團隊而言，則未提供任何空間。對此，變通的辦法就是乾脆以工作小組為單位來塑造空間，每一個團隊都需要屬於自己的公共與半公共空間，每一位成員都需要受到保護的私人空間。

在設計自己的空間時，被選派在一起工作的人必須扮演積極的角色，在理想的情況，他們會受到某個中央空間規畫機構的協助，其職責就是為工作小組尋找一塊區域：「我看你們有三個人，所以至少需要三百平方呎。好，看來這裡不錯。我們來想想傢俱要怎麼擺……」團隊成員和他們的空間指導員開始找出安排空間的可行方案（如圖13.3）。

既然允許員工參與所屬空間的設計，基於這項需求，無論公司所使用的辦公桌和設備是哪一種系統，都必須是真正能夠隨意組合與配置的傢俱，而非僅是把人塞入簡單的隔間，這樣才有利於做各種不同的安排。

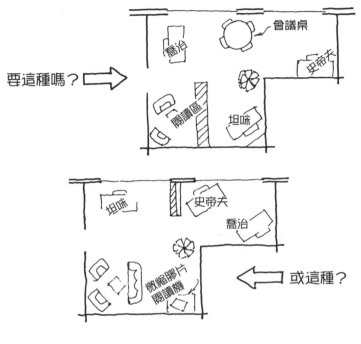

圖13.3　空間配置的可行方案

第二個模式：窗戶

　　現代辦公室政治在窗戶的配置上引發了強烈的階級意識，多數人都在這場窗戶爭奪戰淪為輸家。人們無法想像住在沒有窗的家，最後卻落得大部分的白天時段都得在無窗的工作場所中度過。亞歷山大根本受不了無窗空間：「沒有景觀的房間就像是專為留在裡面的人而打造的監獄。」

　　我們一直被灌輸並接受無窗辦公室是無可避免的說法：公司其實很希望讓每一個人都有一扇窗，公司也聽到了各位的要求，但這實在

不切實際。的確不切實際,有絕佳的證據顯示,不必增加很多成本還是可以打造出一個窗戶足夠的空間,這個證據就是旅館,任何旅館。你甚至無法想像旅館給你的房間竟然沒有窗戶,你絕對無法忍受這一點(而且這只不過是讓你睡覺的地方)。所以,旅館會蓋很多窗戶。

　　無窗空間的問題係肇因於方形的長寬比例,若建築形式完全採用狹長型,就不會有窗戶短少的問題。合理的建築寬度起碼要有三十呎,如圖13.4這樣的建築物。

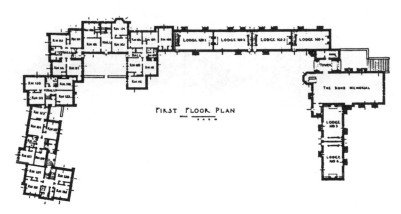

圖13.4　史瓦斯摩爾學院女生宿舍[6]

　　蓋房子只能蓋三十呎寬?不是開玩笑吧?這要花多少錢?跟超大的室內空間相比,哪一種較有規模經濟(economy of scale)?多年前,丹麥的立法機構通過一項法律,規定每個勞工都必須有他專屬的窗戶,這迫使建商比照旅館與公寓,興建長而窄的樓房。這項法律生

---

[6] *The Oregon Experiment* by Christopher Alexander (1975): 188 words (p. 125)
© 1975 by Christopher Alexander. "By Permission of Oxford University Press."

效一段時間後，有一項研究顯示，每平方公尺的造價並無顯著改變，這並不是說狹長建築的成本不高，而是說，要是有增加成本的話，其增加量也小到並未反映於數據中。就算把人安置在較受歡迎的空間會增加每位員工的成本，多出來的花費也很合理，因為這會在其他方面省回來。真正的問題在於該成本是屬於高度醒目的項目（空間與服務），而彌補回來的好處卻難以量測，也因此屬於較不明顯的項目（增加生產力與減少離職率）。

第三個模式：室內與室外空間

狹長建築也有助於促進室內、外空間的融合，你要是曾經有機會在一個有室外空間的辦公場所工作，就不太會想繼續待在純室內的場所工作。

1983年，大西洋系統協會創立之初，我們打算為紐約地區的成員們在曼哈頓找一塊地方，做為協會中心與辦公處所，我們找到的，就是格林威治村船具店的頂樓，包括室內兩千平方呎，以及室外陽台一千平方呎。陽台已成為我們春、夏、秋三季時的會議室與用餐區，這塊室外空間一年當中至少有半年是全時在使用，能在室外進行的工作就在室外進行。

在對我們的做法駁斥為不可置信的奢華之前，請先想想這個事實：我們所支付的每平方呎租金，比曼哈頓平均房租少了三分之一。我們的空間成本少很多，是因為該空間並不屬於整棟大樓的一部分。你無法將上千名員工都集中在這樣的空間裡，你必須尋覓幾百處這樣特別的地點，才能把這一大群員工搬進類似於我們找到的地方，就算

你做到了這點，這幾百處地點的設施也不可能全部一模一樣。在一個陽光普照的日子裡，有些部屬會到陽台上工作，其他人則會到花園、藤架，或中庭。是啊，真是好沒紀律。

第四個模式：公共空間

室內設計有一個行之有年的模式，就是當你越往室內移動時，會有一個變化流暢的「親密梯度」（intimacy gradient）。最外面是外人（郵差、送貨員、推銷員）可以進入的地方，再往裡走，就是保留給自己人（工作小組、家人）的空間，而最裡面則僅僅是屬於個人的空間。這個模式若套用到你家裡，就像從玄關走進客廳、廚房，然後才是一間間臥房，而這也非常適用於一個健全的工作場所。

工作場所的出入口應該有一些區域是屬於整個小組的，這為該小組構成一種家的感覺。隨著親密梯度遞增，就會來到讓關係更為密切的工作夥伴進行互動與社交的空間。最後，則是讓個人獨立工作時，可以安靜思考的空間。

小組交流的空間必須具備足以容納全組人的桌椅、書寫平台，以及供所有成員發表張貼的地方。理想的情況，這應該還是一個能讓大家準備簡餐，一起用餐的空間。

任何人類團隊要是缺少共同進食的活動，都無法長久共事。請提供每一個〔工作小組〕能一起用餐的地方，讓一起吃飯成為例行活動。尤其是在所有工作地點推動一起吃午餐，讓真情流露的圍桌吃飯（不外乎外賣、冷凍食品或自備簡餐）成為重要、舒適的日常活動……在我們中心

的工作小組，我們發現輪流做午飯是最美好的事。午餐已成為一個活動：一個聚會：一個讓所有人注入愛與活力的事情。

——克里斯多福・亞歷山大，《建築模式語言》❼

模式的模式

這些模式之所以不斷在成功的場所中出現，正因為這些模式基本上符合人類的天性，讓人能夠像是一個人，強調人的本質——他既是一個個體，也是一位小組組員。這些模式既不否認個人的特質，也不否認他希望與其他夥伴有所連繫的傾向，這些模式讓人能夠做他自己。

所有模式（包括亞歷山大的模式和我們的模式）的共通原則，就是根據非複製公式。沒有哪兩個人的工作空間一模一樣，沒有哪兩個咖啡區一模一樣，任何圖書室或休息區也都是如此。對於使用該空間的人而言，該空間的性格、形態與組織，都是一項迷人的議題，該空間必須與在其中進展的工作共構（isomorphic），任何階層的人都需要在工作場所中留下他們的印記。

回歸現實

現在，這一切你該怎麼做？如果是在大企業裡工作，你不太可能

---

❼ *A Pattern Language* by Christopher Alexander (1977): 170 words (pp. 697–99) © 1977 by Christopher Alexander. "By Permission of Oxford University Press."

說服高層承認自己犯了錯，並允許大家以永恆之道打造工作場所。你
也可能不想為小公司效命，雖然小公司天生就比較會有迷人而獨特的
工作場所。

　　儘管如此，還是有辦法把你的人帶到充滿活力、具有生產力的地
方。你之所以有機會這麼做，是基於依主計畫打造的辦公空間往往供
不應求，以致經常得為了安排某個新團隊的處所而困擾。假如你正在
為一群無家可歸的人傷腦筋，請把目光轉向公司以外之處，請求公司
允許把你的小組帶到公司本部以外的地方。請求也許會被駁回，不
過，既然公司內部已無多餘空間，你搞不好就會如願。請動員你的人
尋找並安排他們自己的空間，毋需在意那裡可能沒有跟總公司一樣的
白色塑膠垃圾桶，或是以絨布包覆的隔間板，就算租到的是一間破舊
的兄弟會建築或花園公寓，只要便宜、獨特、又迷人，不跟公司其他
人一起辦公又何妨？只要你們沒有異議，誰還有話說？

　　你沒有必要解決全公司的空間問題。只要能為你自己的人解決，
你就領先別人一步，只要你的小組生產力較高，離職率較低，就證明
你是一個更優秀的經理人。

　　把專案或工作小組搬離企業總部是一項很合理的行動，員工在特
別的空間裡工作會投注更多精力，進而提高成功率，所面對的噪音、
干擾與挫折感也比較少，這個場所特立獨行的本質也有助於團隊認同
的形成。假如你是屬於遙不可及的企業高層之一，請先判別哪些專案
最重要，然後讓這些關鍵專案出走。在企業總部以外進行重要工作通
常會有更佳的表現，這很遺憾，但卻是事實，請妥善利用。

第三部
適任的人

就任何工作的最終成果而言，由誰來做總比如何去做的影響還要大，然而，現代的管理科學卻幾乎完全不重視雇用並留住適任的人，這些層面在你所上過的所有管理課程中，恐怕連提都不提。

管理科學比較關切的是，如何讓老闆扮演好工作中策略家與戰術家的角色。我們被教導成把管理當作玩戰爭模擬遊戲，玩這種遊戲不需要考慮人的個性或才華，成功或失敗是取決於在何時、何地部署那些沒有靈魂的人力資源。

接下來四個章節，我們打算彌補管理者就是策略家的觀點所造成的傷害，取而代之的，是鼓勵你透過下面的公式來達到成功：

* 找到適任的人
* 讓他們快樂到不想走
* 放手讓他們發揮

當然，你還必須整合所有的工作成果，其中當然也包括最優秀的團隊，好讓所有人的貢獻合而為一，但這是管理中比較偏機械性的部分。就大多數工作而言，成功或失敗取決於團隊形成，以及一開始設

定方向的那一刻，只要把握住有才幹的人，管理者幾乎從那一刻起就
無往不利。

14

霍布洛爾因素

佛瑞斯特（C.S. Forester）曾寫過一系列拿破崙戰爭小說，那是有關英國皇家海軍軍官何瑞休・霍布洛爾（Horatio Hornblower）的事蹟。一方面，這可稱得上是一個道地的冒險故事，歷史的主軸都經過考證；另一方面，也可當成一套精心設計的管理叢書來看。管理一艘橫帆戰艦或船隻，與管理某個專案或公司部門並沒有太大的差異：人員招募、訓練、工作分派、時程規畫，以及戰術支援，這些工作都是當今從事管理的人所熟悉的。

霍布洛爾是一位終極經理人，從軍校生一路升到海軍將領，他的生涯結合了精明、膽識、政治手腕與好運等特質，一如《商業週刊》（*Business Week*）上隨處可見的一個企業人才應具備的特徵。從霍布洛爾的每一項決策，都可以學到現實世界裡的管理教訓。

先天與後天

這套小說有一個從頭到尾一再重複的主題，就是霍布洛爾隱約體認到良才出於天生，而非後天的培養。許多有幸為霍布洛爾效命的部

屬都不可靠或非常愚昧，霍布洛爾知道這些人在某些關鍵時刻會讓他失望（屢試不爽）。也知道只有少數追隨他的良才，才是他真正僅有的資源。能迅速估量下屬的實力，並明白何時能仰賴這些人，便是霍布洛爾最偉大的才能。

在這個講求平等的時代，幾乎無法想像以天生不適任為由來否定一個人，天生我才必有用，管理者就是要藉助其領導長才，把部屬未開發的潛能激發出來。雕塑生手，使之成為良才，已被視為管理的精髓所在。

相較於霍布洛爾的負面評斷，上述說法或許比較讓人安慰，特別是也讓管理者比較有面子，但這對我們來說並不切實際。為人父母在養育子女的歲月中，的確能發揮形塑的影響力，個人顯然也可以大幅改變自己，但經理人卻不太可能以任何有意義的方式來改變部屬。人通常都不會在一個地方待太久，管理者也缺乏足夠的影響力來改變部屬的天性，因此為你效力的人無論是處於哪一個階段，他自始至終大概都是那個樣，假如一開始就不適任，那他將來也不會適任。

說了半天，總之最要緊的，一開始就要找對人。所幸你在這方面不用全靠老天庇佑，在聘雇新人或從公司內部挑選新團隊成員時，你通常會參與頗多。若是如此，這方面的技巧將大幅影響你最後的成敗。

制式塑膠人

即使是首度負責招募新人的菜鳥經理人，也懂得若干良好的聘用原則，例如，不可以貌取人。在工作表現上，英俊美麗的求職者不見

得優於長相平庸的求職者。

　　大家都知道這一點，但很奇怪，大部分的用人謬誤卻都肇因於過分注重外表，以及忽略工作能力。其實，這並非徵才主管單方面的忽略或膚淺，我們對長得很不一樣的人會特別感到不安，這是演化的結果，並已深植人心。顯然，之所以會有這種傾向，跟演化的目的有關，例如，從你看恐怖片的反應，就可以觀察到這種演化而來的防禦心態。比起大到一哩寬、沒有眼睛、奇形怪狀、正慢慢把底特律吞掉的玩意兒，那些長得很像人的「怪物」才更令人緊張。

　　隨著每個人的成熟，在選擇朋友和發展親密關係上，人會學著跨越與生俱來的偏見而導向常規，在你的人生當中，或許早就得到了教訓，但在發展你的聘雇技巧時，你必須重新再次學習。

　　在聘用外表或長相「普通」的人的時候，你可能自認為還不至於控制不了，所以，我們究竟為什麼還要說這些呢？因為，會影響聘雇決策的不是只有你個人的傾向，貴公司在無形中也希望雇用符合常規的人。你所雇用的每一個人，都會變成你那小帝國裡的一份子，也會變成老闆的帝國裡的一份子，以此類推上面更大的老闆，所以，你所採行的用人標準並非你個人的，而是代表在你之上所有公司層級的人，每當提出進用新人時，管理高層所認知的常規都會在你身上發生作用。這種幾乎是無形的壓力會促使公司走向一致，鼓勵你聘用看似、聽似，以及想法也好似公司其他人的人。在健全的企業文化裡，這種效果可以小到足以忽略，但若企業文化不健全，你很難或甚至不可能雇用一個過於爭議、想法跟別人很不一樣的人。

　　整齊劃一的需要，儼然是管理階層缺乏安全感的徵兆。堅強的管理者才不在乎團隊成員何時去理髮，或打不打領帶，他們的自豪僅繫

於部屬的成就。

標準服裝

整齊劃一對缺乏安全感的獨裁體系（例如，教會學校和軍隊）至為重要，他們甚至強制規定服裝，裙子長度或夾克顏色不同均被視為一大威脅，所以一律不准。任何會破壞這整齊劃一的隊伍的人一概排除；功成名就只屬於那些看起來幾乎一樣的人。

公司有時也會對員工服裝有所規定，雖不至於極端到限制大家都得穿得一模一樣，卻剝奪了不少個人自由。一旦這麼做，影響是非常嚴重的。員工再也無法談論或思考其他事情，所有務實的工作都停擺，最有才幹的員工終於明瞭公司根本不在乎他們真正的價值，他們的貢獻還不及髮型或領帶來得重要，這些人最後會選擇離開，而留下來的人就繼續苦撐，以證明有無適任的人根本沒那麼重要。

我們一直在為組織裡所犯的謬誤提供補救之道，但假如貴公司的謬誤是已經頒布了外在穿著的正式標準，那就算了，此時談補救為時已晚。這樣的組織已瀕臨腦死的最後階段，屍體尚未立即倒下，是因為有很多隻手在背後撐著。支撐屍體畢竟不是一件令人愉快的工作，想辦法另謀高就吧。

密語：專業

曾經在一場企業內部的研討會上，當我提到專制的標準化係源自於管理階層缺乏安全感時，立即獲得與會者熱烈的回響。每個人

都有故事想要分享，其中最蠢的，當屬公司高層對員工在午休時間利用茶水間微波爐爆玉米花的反應。當然啦，爆玉米花會留下一股很濃的味道，某位高層人士在聞到這股味道後，馬上就有所反應。他在一份備忘錄中宣布：「爆玉米花不專業，」於是自即日起，禁止爆玉米花。

——李斯特

　　倘若你任職於客戶關係部門或業務部門，頒布爆玉米花禁令或甚至服裝標準或許還說得過去，但若是在其他部門，就一點道理也沒有了，畢竟客戶很少會來到這些區域，這些「標準」一點也無損於外人所看到的企業形象，主要還是自己人的看法吧。這群自己人——通常是缺乏自信心的二、三流經理人——只要發現一丁點與眾不同就渾身不自在，他們需要對底下的人施加一致性的規範，來證明自己是當家作主的人。

　　不專業一詞通常被用來當作意料之外和具威脅性的意思，因此對脆弱的管理者而言，任何會令他們煩惱的事情當然就是不專業。所以，爆玉米花不專業，男生留長髮不專業，女生留長髮就非常好，張貼任何形式的東西不專業，穿舒適的鞋子不專業，有好事發生繞著桌子跳舞不專業，咯咯笑或大笑不專業（微笑無妨，但也不要太常笑）。

　　相反地，專業意味不令人意外。只要你的外表、舉止、想法跟別人一致，就被視為專業。

　　當然，這種對專業概念的曲解相當病態。在比較健康的組織文化裡，把一個人視為專業，代表他懂得多、又能幹。

企業的熵

熵（entropy）就是均勻度或相似度，熵值越高，激發能量或執行工作的潛能就越少。在公司或其他組織裡，熵可視為態度、外貌，以及思維程序的一致性。就像熱力學所講的，宇宙裡的熵一直持續在增加，而企業的熵也是：

管理的熱力學第二定律：組織裡的熵一直持續在增加。

這就是為什麼相較於有活力的年輕公司，老公司大多比較僵化、無趣的原因。

你對這種普遍的現象幾乎是無計可施，卻可能在自己所屬的領域中殺出一條血路。最成功的管理者會搖撼局部區域裡的熵，把對的人找進來，並讓他們充分發揮自己，即使這些人可能不符合企業的標準亦然。你的組織或許已經死氣沉沉，但你領導的那一小部分卻可以生龍活虎。

15
談領導

在工作上，領導十分罕見，但到處都在談領導。公司總愛談領導。

他們所談的，通常都是怎樣巧妙地運用職權，達成特定的目標。身負領導之責的是管理者，所以他們把管理者送去接受領導力培訓，教他們學會運用自身權力，指揮底下的人辦事。由此看來，領導是依著組織階層由上而下發生的——在上的是領導者、下面的是追隨者。你被組織圖表中某個職位比你高的人領導，你又領導著一群職位比你低、直屬於你的人。

把領導當成壓榨的手段

一張令人敬畏的「激勵」海報寫著：「領導者的速度，決定整體的速度。」這種領導，就是用來壓榨員工的，意在拉高做事的量，而非做事的質。你之所以被領導，是為了叫你更賣力工作，做久一點，別再打混。

第一次世界大戰初期，有位年輕的俄國記者列夫‧達維多維奇‧

布隆施泰因（Lev Davidovich Bronstein），把他在前線所觀察到的領導狀況，寫成報導文章寄回家鄉。這些信可能遺失過，但由於他後來易名為托洛斯基（Trotsky）並成為知名的革命家，這些信遂被保存了下來。其中一封信觀察到，除非提供配槍，否則年輕軍官完全無法帶領部屬上戰場。用槍領導，意味著你是站在後方「領導」，而這正是壓榨式的領導。在工作場合中，槍，換成了權力和職位。

服務型的領導

然而，最好的領導——會讓人津津樂道，由衷感激和敬佩的——往往不是透過職權，而是發生在象徵權力的官方階層之外。

> 每週，我都會去我家附近的球場打兩、三次網球，魅力十足的麥克帶領我們這群同好，他就是我們的領導者。決定配對的人是麥克：誰跟誰一組、誰對抗誰。進行調度的人也是麥克（一共16個人要安排在4個球場），我們每打完一場，接下來三場都會跟不同的人搭檔，他每次都配得很好，一場球打半個小時下來，望向球場另一端，看到的都是5比4、6比6、7比6、5比5這類比數。他有個大嗓門，遠在三個球場之外，都還聽得到他的聲音。約定打球時間、協調球場時段、有人離開時找人遞補，麥克都做得很好。沒人叫麥克做這些事，他自己跳出來做，他的領導無庸置疑；由他當頭，大家都對這份好運感到敬畏。他沒有什麼報酬，但是贏得了我們的感激和尊敬。

> ——狄馬克

在這個例子當中，領導並未從我們身上榨取任何東西，它是一種服務。像麥克這類人的領導，努力才會有成效。有時候他們會指出努力的方向，但他們主要是扮演催化劑，而非指揮官。他們就是有辦法施展這種魔法。

為了不靠職權來領導——沒人指派你當頭——你必須像麥克那樣：

- 主動站出來。
- 使自己看起來適任。
- 預先做好必備的功課。
- 讓每個人的價值極大化。
- 保持幽默和高度的善意。

這些都有助於營造領袖魅力。

領導和創新

在組織中，能夠不靠權力來領導的人，他們也會有能力創新，擺脫組織給予的限制。創新跟領導絕對有關，領導也跟創新分不開。缺乏其中一種，必然導致另一種的枯竭。

創新這件事，說與做的比例比領導更誇張。在大部分公司，管理高層都會談論有關創新的一種有趣遊戲，政策宣示如下：「為了生存，我們需要創新，這非常重要，重要到再怎麼強調也不為過，不，各位，創新真的、真的很重要，這是大家的責任，事實上，這可能是每個人最重要的責任，聽好，全部給我回去好好創新。」唉！

- 沒人會花任何時間創新，因為每個人都百分之百忙碌。
- 不管何種創新，顯然都不受歡迎，因為都需要改變。
- 真正的創新，影響層面可能超出創新者所屬的領域，他可能會被質疑從下層來管理組織，對此，管理高層通常抱持疑慮。

　　此處的重點是，就算最棒的創新，也需要一點反叛，才能成功——反叛式領導（rebel leadership）。創新者本身不必然是偉大的領導者，但某個人必須是。在這個過程中，反叛領導能給創新一些時間——讓某位關鍵人物脫離常規工作（對你而言，這或許構成了建設性違規），以推動一個尚未成形的願景——不論何種組織再造，為了換取創新的實現，都必須有這種強力的支持。

　　由於從來沒有人知道下一個創新會怎樣改變組織，因此對於應該給這位關鍵的煽動人物多少權限，人們總是猶豫再三。這也就是為什麼服務型的領導，總是在沒有被正式許可的情況下運作。

領導：說與做

　　最近百老匯上演亞瑟·米勒（Arthur Miller）的《推銷員之死》（*Death of a Salesman*），最後一幕接近結尾有一句話，讓我很有感觸。主角威利·羅曼（Willy Loman）靠近他那位富裕的鄰居查理（Charley），請求再借一點錢。查理的幸運和威利的潦倒，此一悲慘對比，也反映在他們的兒子身上：威利的兒子畢甫（Biff）境況不好，而查理的兒子伯納德（Bernard）已是一位成功的律師。查理借了錢給威利，而且有些驕傲地說，伯納德已動

身前往華府,去最高法院處理一個案子。想像一下,是美國最高
法院。

「最高法院!」威利說:「他根本沒提過這件事啊!」

「他沒必要提──」查理回說:「他就是去做而已。」

──李斯特

假如公司能夠轉變成讓領導自然發生,那麼就不必製造那麼多廢
話了。

16
雇用雜耍小丑

馬戲團經理：你表演雜耍多久了？

　　求職者：哦，大約六年。

馬戲團經理：你能耍三顆球、四顆球，還有五顆球嗎？

　　求職者：可以，統統可以。

馬戲團經理：你能耍著火的東西嗎？

　　求職者：當然。

馬戲團經理：……小刀、斧頭、打開的雪茄盒、軟帽呢？

　　求職者：什麼東西我都能耍。

馬戲團經理：能不能邊表演、邊說些搞笑的台詞？

　　求職者：保證哈哈大笑。

馬戲團經理：很好，挺不錯的。我想你錄取了。

　　求職者：咦……你不親眼看看我表演雜耍嗎？

馬戲團經理：哎喲，我根本沒想到這一點。

　　雇用一名雜耍小丑卻不先看此人的表演，的確很荒謬，這應該是普通的常識。可是，當你著手雇用一名工程師、設計人員、程式設計師或小組經理時，卻經常把這個普通常識拋到九霄雲外，你不會要求看看對方的設計、程式或其他東西，事實上，面試都是用說的。

　　你要雇用的是能做出產品的人，特別是之前有過類似經驗的人，你需要看看這些產品的樣本，以了解求職者的工作品質，這或許是很理所當然的事，卻總是被開發團隊的管理者所遺漏。當你召開工作面試會議時，做的都是表面功夫，彷彿有一條不成文規定，規定可以詢問求職者過去的工作經驗，但不可以要求親眼看見。其實，只要你提出要求，求職者幾乎都會高興地帶些作品來。

公事包

　　我們同在加拿大西部教書期間，有一次接到當地技術學院一位計算機科學教授的來電。他提議傍晚下課後到我們下榻的旅館一敘，同時帶些啤酒來向我們討教。對這種提議我們向來很少拒絕。當晚，我們從他身上學到的東西，幾乎肯定比他從我們身上得到的還更有價值。

　　這位老師坦率地說出了判定他工作成功與否的標準：他必須讓學生找到好工作，而且是很多好工作。「一張哈佛文憑價值不菲，但我們的文憑可不。今年的畢業生要是沒能立即找到工作，明年大概就招不到新生，我就會失業。」於是，他便發展出一套畢業生職場吸引力最佳化的公式。當然，他會傳授學生各種系統開發的現代技術，也會要求學生到附近的公司與機構實習。不過，他的求職公式最引人注目

的，就是所有的學生都隨身攜帶可用來展示自己工作成果的公事包。

　　他向我們說明如何指導學生在面試時展示自己的公事包：

> 「我帶了一些自己的作品。例如，這是某個專案的C++副程式，這是另
> 一專案的SAP程式，在這部分可以看到我們用高德納（Donald E. Knuth）
> 所倡導的包含退出迴圈（loop-with-exit）結構，此外，全部都是結構
> 化的編碼，相當符合貴公司所要求的標準。這裡是這支程式的原始設
> 計，這些是構成我們規格核心的階層式資料流程圖，以及相關的資料字
> 典……」

　　此後多年，我們陸續聽到更多有關這所名聲不甚響亮的技術學院
與這些公事包的故事，也碰到許多來自北卡羅萊納州三角研究園和佛
羅里達州坦帕市的求才者，他們會定期不辭千里，來到這所地處偏僻
的加拿大學校裡物色畢業生。

　　以上，就是這位教授為提升學生吸引力而想出來的聰明計策，但
當晚最令我們感到震撼的，是聽到了面試者對公事包總是深感驚訝的
現象，這意味著面試者通常不要求求職者自備作品，為什麼不呢？面
試時，有什麼比要求每個求職者自備一些作品更合理的呢？

性向測驗（呃～）

　　既然擅長多種工作技能對新進人員如此重要，何不設計一套性向
測驗來量測這些技能？軟體界對性向測驗的概念已經有一段不算短的
醞釀，在1960年代，這個概念全面流行起來，而今，你或貴公司可
能已經放棄了這個概念，若是如此，我們提供一個該做性向測驗的好

理由：性向測驗可以量測出不適合之處。

性向測驗幾乎都是以新進人員立即上手的工作為導向，像是統計分析、程式設計，或該職位所需要的其他能力。幾乎任何技術領域的性向測驗都可以買得到，在預測新人表現方面通常也都有相當不錯的實績，但那又怎樣？通過測驗的新人在這些工作做了幾年之後，也許當上了團隊領導者、產品經理或專案主管，結果，當初性向測驗所量測的工作可能只做了兩年，隨後的二十年做的全是其他工作。

我們看過的性向測驗大多是左腦導向，這是因為新人的工作大部分是靠左腦來執行。然而，新人日後生涯所從事的工作卻有很大一部分跟右腦有關，特別是管理上所需要的全面性思考、啟發式判斷，以及基於經驗的直覺。所以，通過性向測驗的人在短期內或許會有較佳的表現，但日後成功的機會卻不大。也許你還是應該使用性向測驗，只是要雇用沒通過的人。

由此看來，想必各位已經料到，本書作者應該不會支持以性向測驗來徵人。這並非意味性向測驗不好，或不該用，你還是該用，只是不該用來徵人。你所買的，或自行建立的性向測驗其實是很棒的自我評量工具。在健全的組織裡，讓員工經常做些有趣的自我評量是必要的。（細節請參考第37章〈混亂與秩序〉）

試鏡

我們所待的是社會性甚於技術性的事業，倚賴人際溝通的能力甚於與機器打交道的能力，所以，聘雇程序至少應著重某些社會性和人際溝通的特性。我們發現，這方面最棒的做法就是舉行求職試鏡

（audition）。

　　這個概念相當簡單，就是請求職者以過去工作的某個層面為題，做十到十五分鐘的簡報，可能是有關某種新科技與初步嘗試的經驗，或是某個慘痛的管理教訓，或是某一項特別有趣的專案，求職者可以自選主題。待日期決定後，便召集未來要和新人共事的人員一起來擔任聽眾。

　　求職者當然會緊張，甚至心生抗拒，此時你必須向他們說明，大家對試鏡都會緊張，以及試鏡的目的：了解求職者的各種溝通能力，並讓準同事參與新人聘雇過程。

　　待試鏡結束，求職者離開後，便聽取聽眾對這些簡報的感想。每個人都要對求職者是否適任，以及能否融入團隊提出意見，儘管最後決定權在你，這些準同事的回應卻是無價的。更重要的就是，由於在選擇之初，團隊成員便有表達意見的空間，所以新進人員會更順利地被團隊接納。

　　我第一次運用求職試鏡，就是為了招募新顧問與新指導員。我考驗這些求職者的動機很簡單，就是想知道他們是否天生就擅長解釋簡單或複雜的事物，或是可以被訓練，或是永遠都無法向任何人解釋任何事。我也需要別人的意見，所以在試鏡時，就把當時辦公室裡的人找來充當觀眾。五年下來，我們進行了將近兩百場試鏡。

　　我們很快就發現，試鏡過程有助於加速新進人員與現有成員的社交過程，通過試鏡就好像取得了擔任同事的認證一樣，反之亦然。即使求職者沒有通過試鏡，對現有成員也是一種鼓舞，因為

他們再次證明，要成為該團隊的一份子，必須比那個履歷表碰巧
放到我桌上、試鏡卻說不出話的傢伙更有兩把刷子。

　　　　　　　　　　　　　　　　　　　　　　　　——李斯特

　　有關試鏡的注意事項：求職者的簡報主題必須與貴公司的工作性
質息息相關。談「三胞胎的老人照護」或「汽水對大頭菜的生長影
響」這些領域差太多的題目，很容易就會被蒙混過去。你有責任捕捉
從主講人眼神裡所散發出來的迷人熱情，那種在你工作中睽違已久的
熱情。

17

好好相處

承包、委外和境外人員，為團隊形成（team formation）平添了額外變數。此外，處處國際化，意味著連最普通、組織內部的團隊，恐怕也得試著去融合各種不同出身的團隊成員。相較於我們老一輩所管理的單一文化團隊，你下一個專案的團隊成員「分類圖」，很可能看起來就像個聯合國。將多樣化的成員融入團隊，是一項挑戰，但也有好處。

先說好處

像我們這種老傢伙，回想當年，技術團隊裡大概都不會有女性，或幾乎沒有女性。不過，軟體業是率先雇用大批女性的行業之一，至少在美國是如此。在《軟體工程經濟學》（*Software Engineering Economics*）一書當中，貝瑞・波安姆（Barry Boehm）指出，這個行業從本來一年不到十億美元的規模，在僅僅25年後，成長到每年三百億美元。這些錢，大部分是人事費用，然而，人都從哪來的呢？不可能來自其他高科技產業的同類人員，因為這些產業也在成長；也並

非來自大學其他相關系所——主修數學和電腦科學的學生,他們大部分是男性——光靠這部分的人根本不夠。關鍵是開闢了新的人力資源,亦即受過教育、但生涯發展在以往嚴重受限的女性。公司必須教她們寫程式、除錯和系統設計這類技能,不過,同樣的技能,新畢業、招募來的男性本來也都要教,因為根據波安姆的研究,很少大學開的軟體技能課程是實用的。

除了挹注人力,女性為這個行業帶來的更多。她們改變了團隊的組織方式,以及團隊成員的互動。她們為單調、老掉牙的運動風,添加了芭蕾、小孩教養、家庭互動等其他風貌。當她們跨足管理,會引進新的風格,也就是我們同事希拉·布萊迪(Sheila Brady)所說的:「裙裝管理的席位」(seat of the skirt management)。今天,純男性的團隊看起來就是比較無趣、不帶勁,有女性加入則全然不同。

食物魔法

全球化和共同市場,打破了疆界,為我們的專案帶來了多樣性、更多國際化,以及新的文化模式。這些改變,或許會造成相處上的困擾,但也使我們更加豐富。想想做菜這件事:很可能,你曾祖父母從未去過有賣中式水餃、孟買酸檸檬醬、香茅咖哩、提拉米蘇和義大利麵疙瘩的市場,但這些食物都是當代全球不可或缺的一部分。(假如你能回到一百年前,或許會發現很多趣事,但也可能會對晚餐的選擇感到貧乏。)口味的差異,我們並不避諱,我們喜歡。

我參與過一個團隊,每個月都會發起一次「中午吃異國風味餐」

活動，後來實在太受歡迎，很快就變成每個月兩次。由不同背景
的團隊成員所帶來的每道菜，都帶有一點異國風。

——李斯特

既然我們喜歡和不同口味的同伴一起吃飯，我們也必須喜歡他們
所偏好的不同的工作、思考及溝通方式。

很好，但是……

一個團隊吸收新奇事物的容量有其極限，要是這個月簽20個人
進來，下個月來3個，再下一個月來15個，就表示你必須讓38個新
成員融入專案。你需要額外的規劃，以避免僱人跟租車一樣，員工沒
多久就跑了。

凝結團隊（jelled team）需要時間，而且在這段期間裡，團隊的
組成不能有太大變動，假如你對外包人力採取隨到隨辦的策略，團隊
可能就凝結不起來，事實上，你所帶的人根本無法成為一個團隊。

18
童年末日

在亞瑟・克拉克（Arthur C. Clarke）的史詩科幻小說《童年末日》（*Childhood's End*）中，故事的張力主要來自於新生代的人類不只是從量上，還從質上與父母那一輩不同，書名即闡釋了這一世代的到來，象徵著人類童年的終結。對父母而言，演化彷彿開了一個惡劣的玩笑，忽然之間，他們變成新尼安德塔人，而孩子則是先進人種。

今天，進入職場的年輕人，情況還沒有誇張到那個地步，不過有一些世代差異，仍有必要加以了解和適應。

技術──和它的對立面

迪士尼公司的亞倫・凱（Alan Kay）給技術下了一個定義，就是在你長大前還沒有，但現在卻遍布在你周遭的任何東西。他進一步觀察，在你長大前就在你周遭的，叫做環境。這一代的技術是下一代的環境。

二十世紀末的職場上有一些重要技術誕生，當時在家庭或學校裡還不普遍。然而，今非昔比，對你最年輕的那些員工來說，電腦、智

慧型手機、網路、程式設計、駭客、社群網路、部落格,都是環境,並不是技術。有關這類事物的技巧輪不到你來教他們,而你想告訴他們使用這類事物應該遵守的道德規範,統統有講跟沒講一樣。此外,如果你想把一個公司新來的小伙子,培養成有價值的員工,你們雙方對於如何妥善運用你們的技術/環境,必須達成某些共識才行。

持續分心

有一個最簡單的說法,可以區分出組織裡的不同世代,那就是專注力(attention):同一時間,老一輩的同事大多只專注在一或兩件事上,而年輕人則會分心做很多事。

年輕人習慣一邊研究,一邊聽iPod放著吵雜的音樂,收發簡訊氾濫,社群網站也永遠開著,偶爾,歷史作業旁邊的視窗上還打個電動,正如早先微軟公司副總裁琳達‧史東(Linda Stone)所說的「持續分心」(continuous partial attention)。你最年輕的員工會跟你說,在這種環境下,工作最有效率。

持續分心的問題,正犯了神馳(flow)的大忌。假如你跟我們一樣,都相信進入神馳狀態是完成工作的要件,那麼,對於注意力分散的情形,就必須有所限制。你得讓最年輕的員工了解,集中一個時段,花上班時間的百分之二上臉書(Facebook),和一整天,持續動用百分之二的注意力上臉書,這兩者之間的差異。前者,可能是基於人類工作者的個人需要(很像是在上班期間臨時打電話或發簡訊回家),合理行個方便,而後者,則可能有礙進入狀況。員工神馳不起來,不僅是缺乏效率,也不太可能融入一個有老有少的凝結團隊中。

約法三章

我的第一位老闆，貝爾實驗室的李·圖梅諾斯卡（Lee Toumenoska），在第一天就把我叫去說：「湯姆，我們這裡大體上是：八點四十五分上班，工作到五點十五分，中間休息一小時吃午餐，工作時數相當於七個半小時，一週下來是三十七個半小時，而這正是我付你薪水的原因，我要你認真看待上班時間。假如你真的有事，晚到一、兩個小時不打緊，但可別有一天晚五分鐘，隔天晚十分鐘，長此以往，到最後你會跟不上其他人。」我需要有人告訴我這些，不然我不知道要遵守什麼──畢竟我只有22歲，才剛開始第一份工作。

──狄馬克

跟年輕的員工約法三章，讓他們有個好的開始，這是很重要的。假如工作必須在神馳狀態下完成，那麼，你底下的人就必須準備好全神貫注。持續分心的時間必須界定為個人的放鬆時間，在上班期間有條件允許，其餘工作時段，當然就是好好工作。

開會時，不論有什麼正當理由，持續分心同樣具有破壞性。不過，假如你的公司跟我們拜訪過的其他公司一樣，就知道這並不單是某個世代的問題，連年紀較大的員工，都可能會在開會時處理電子郵件，或做其他事。想想看，開會時的不專注，雖說事關個人工作道德，但可能跟不良的會議文化更有關係。你可以約法三章，規定站立開會、不得帶筆記型電腦開會，但通常比較妥當的做法是，在訴諸這類改變之前，你得重新思考開會的哲學。（細節請參考第31章〈會

議、個人秀與會談〉）

昨日的殺手應用

　　你最年輕的員工進公司時，可能並不那麼重視電子郵件。假如你跟我們一樣，認為電子郵件是當代全球最可靠的工具，請先準備好嚇一跳。

　　近幾年，我在緬因大學開了一門跟道德有關的課，那是一門寫作課，所以，我想藉由一次次的文稿修改，讓學生對反覆（iteration）的價值和必要性，有深刻的體會。有一次例行指派作業，我要求他們在週五前交初稿，隔週五再交第二版文稿。我利用整個週末批改初稿，再透過電子郵件寄回給他們。我很驚訝，學生們在準備第二版文稿時，幾乎沒有人重視我的修改意見。我問了原因才了解到，基本上，沒有人看電子郵件。他們提議，假如我加了一些東西，他們必須開電郵收信的話，先發個簡訊讓他們知道。

　　　　　　　　　　　　　　　　　　　　　——狄馬克

　　你底下的人如果越年輕，越會覺得看電子郵件既繁瑣，又浪費時間。簡訊的扼要，更符合他們的口味。在歌頌頻寬的時代，對他們來說，最熱門的技術是低頻寬工具：用大拇指打字。

　　（在第33章〈電子郵件之惡〉中，要是我們的反烏托邦觀點會讓你哇哇大叫的話，請別僱用年輕人。）

19
很高興能待在這裡

本章一開始先來一段隨堂測驗：

第一題：貴公司這幾年來，員工離職率是多少？

第二題：取代一名離職者的平均成本是多少？

計分方式：兩題都答得出來，就算過關，此外皆不及格。結果大多數人都過不了關。

說句公道話，這種事可能不是你份內的工作。好吧，再提供另一種計分方式：只要貴公司有任何人知道這兩題的答案，就算過關。大多數人還是過不了關。我們避免量測離職率的原因，一如癮君子避免與醫生認真地討論健康問題——這會造成許多困擾，而且結果都是壞消息。

離職率：明顯的成本

一般我們所接觸到的離職率在每年80%~33%之間，這代表員工

的平均在職時間為十五至三十六個月。假設貴公司目前的離職率落在這個範圍，則員工平均兩年多一點就會離職。無論是透過人力仲介或公司內部的人事單位，聘雇一位新人的成本相當於一個半月至兩個月的薪水。新人一旦錄用，或許就會立即參與專案，於是他的時間便完全奉獻給專案──沒有任何跡象顯示新人起步會耗費成本。然而，這是帳目上的假象，眾所皆知，新人第一天上班幾乎不會有任何貢獻，甚至更糟，因為其他人還得花時間引導他進入狀況。

幾個月後，新人開始有一點貢獻，五個月內，他終於完全上手，於是，公司為新人起步所付出的合理代價，估計大約是每位新人會損失三個月的工時。（顯然，如果工作內容更加深奧難懂，起步成本就會更高，或高很多。）所以取代一位離職者的總成本，大約是四個半月至五個月的員工薪水，相當於這位新人做下去整整兩年後累計付給他的薪水的兩成。

不同公司之間的離職率變化很大，我們聽過有些公司的離職率是10%，而另一些同類公司的離職率是100%或更高。假如你有機會和競爭對手的經理人聚會，可以料想坐在你身旁的那位經理人，他們公司的離職率可能是貴公司的兩倍或二分之一都有可能，當然，你們兩個都不知道，也永遠不會知道這個差異有何作用，因為，你們兩人之中，可能至少有一位來自於從不調查離職率的公司。

離職率的隱性成本

員工離職的成本占所有人力成本的兩成，但這只是看得見的人員流動成本，更令人感到不安的是看不見的成本，而且情況更糟。

在高離職率的公司裡，員工傾向採取一種破壞性的短期觀點，因為他們知道自己不會待太久。於是，舉例來說，當你為部屬爭取更好的工作場所時，別太驚訝某個高層人士會這樣反駁：

> 「等等，老兄。你講的都是要花大錢的事，我們要是給工程師那麼大的空間，還有噪音防護，甚至隱私，說不定到最後每個月都得為每個人多花五十塊錢！再乘上全公司的工程師總數，這可是成千上萬的一大筆數目，我們怎麼可能花這麼多錢！我跟大家一樣都很重視生產力，但你沒看到我們第三季的數字有多糟嗎？」

當然，對於以上說法，最無懈可擊的回答就是，現在先投資一個合理的環境，未來便可避免另一個可怕的第三季。不過，勸你還是省省吧，你遇到的是一個眼光短淺的人，再怎麼無懈可擊也左右不了他，此人大概也快離開公司了，短期支出對他而言是一筆實實在在的支出，至於長期利益則根本不具任何意義。

在高離職率的組織裡，沒有人願意採取長期觀點。假如該組織是一家銀行，它就會貸款給烏干達發展合作協會，理由是22%的利率能讓本季財務報表看起來更光鮮亮麗，當然，烏干達會拖欠兩、三年不還，但那時誰還待在這家銀行啊？假如該組織是一家開發公司，它就會走短線、剝削員工、在工作場所大搞騙術，並且毫不珍惜公司的命脈，也就是唯一真正的資產——人力資源。假如以同樣的態度來經營農業經濟，我們就會立刻把玉米種子吃掉，然後明年統統餓死。

倘若員工只會待一或兩年，留住優秀人才的唯一辦法就是加速升遷。換言之，近乎生手的人將晉升至第一線的管理職務，他們可能只有五年工作經驗，而在公司的資歷可能還不到兩年。

　　這些數字突顯某些令人憂心的問題：譬如，一個工作四十年的人，前五年工作，後三十五年管理，這代表一個非常高而窄的階層分布，15%的員工執行工作，85%的人負責管理，成本中僅有一成用於員工，另外九成都給了管理者，就算馬克思也沒料到資本主義會出現這種頭重腳輕的結構。

　　高離職率不但導致不經濟的頭重腳輕結構，還有底層員工都變成稚嫩菜鳥的傾向，這在整個業界僅有幾分正確，但在高離職率的公司卻是不爭的事實。常常可以看到一些很老成的公司所推出的產品，卻是由平均二十幾歲、平均資歷不到兩年的毛頭小子所開發出來的。

　　我們有許多人認為，升遷快的公司正代表它有活力，這麼說也不無道理，因為年輕人都想往前衝，但就企業的展望來看，升遷慢反而是一種健康的象徵。在低離職率的公司，晉升至第一線管理職務是在進入該公司十年以後的事（某些強大的企業就是如此，例如IBM）。至於最底層的員工，平均年資至少也有五年，這是一種扁平的組織結構。

員工為何離職

　　對正打算換工作的人而言，其理由就和人的個性一樣，有各式各樣的。一個流動率高到近乎病態（超過50%）的組織中，大部分走人的原因不外乎以下幾點：

● 　過客心態：同事之間缺乏長期的工作參與感。

● 　可有可無的感覺：管理就只是把員工當成可替代的零件（既然離

職率這麼高，沒有人是無可取代的）。

● 覺得對公司忠誠很可笑：誰會效忠一個把員工當成零件的公司？

此處還包括無形的影響，也就是離職率會刺激離職率。由於員工做沒幾天就離職，公司便不需要把錢花在訓練上，既然公司對員工不做任何投資，員工便會認為離職也無妨。新人通常不是因為他們高超的能力而被錄取，有這種能力的新人是少之又少，但是公司絲毫不重視員工的能力，會使得員工覺得不受尊重。隨時都有人要走，明年還不走就是你有問題了。

特別的病態：公司遷移

缺乏安全感的經理人最變態的自我膨脹，就是把公司搬到很遠的地方，這充其量只能說是玩弄手段！給員工帶來這麼多折磨，好讓這些管理者自以為是神。透過公司的日常營運制度，使他們得以控制員工的上班時段，但透過搬家，則使他們可以進一步控制員工的下班時段。

當然，他們會百般無奈地解釋搬遷的理由，包括舊地點的租金或稅金結構上漲，還有新地點的種種好處。然而，無論搬遷的理由為何，可以確定真正的原因絕非如此。真正的原因其實是一場政治交易、一個蓋新大樓的機會（經理人展現其重要性的具體證明之一），或縮短老闆的通勤距離，只因碰巧他想住在郊區。有時，不過是赤裸裸的權力展示。

管理者自我膨脹的情形越嚴重，就越喜歡遷移公司，這方面，請

看看羅伯‧唐森（Robert Townsend）的說法：

> 假如你接手（或創立）一間有必要大肆整頓一番的辦公室，最妥善的辦法就是搞一次大搬家，沒用的傢伙就任由他們離開。我有一位朋友在不同公司遇到過四次辦公室遷移，結果總是一樣：（1）好的人會對未來有信心，繼續追隨你；（2）對未來感到懷疑的人（以及他們的太太）也不必面臨失業問題，他們說句「公司搬走了，」很快就會有工作機會，通常是那些自以為正在主導突擊行動的競爭對手來挖角；（3）認命留下來的人比離你而去的人要好，由於他們只會和你最優秀的人在一起，所以工作充滿了熱忱。❶

套用一句技術性的詞彙，這簡直是胡說八道。唐森完全沒有考慮到女性對職場的影響力，當今隨公司遷移的員工通常是雙薪家庭中的一員，他的另一半可能不想搬家，所以公司遷移簡直就是活生生地拆散員工的家庭，本來各自為美好的事業前途打拼的夫妻倆，卻要忍受割捨一方的煎熬，好個卑鄙的手段。現代雙薪夫妻不會默默忍受，也不會原諒這種事。公司遷移在1950和1960年代或許常見，但如今卻很荒唐。

即使在1960年代，組織遷移也不見得合理，1966年的一個案例正是如此。當時AT&T貝爾實驗室打算把六百人的ESS1計畫從紐澤西州搬到伊利諾州，儘管公司方面提出許多搬遷理由，如今看來，那可能牽涉到某些政治謀略。1950年代的參議員甘迺迪與詹森，曾經為故鄉麻薩諸塞州與德州爭取到龐大的新投資計畫，於是來自伊利諾州

---

❶ R. Townsend, *Up the Organization* (New York: Alfred A. Knopf, 1970), p. 64.

的德克森參議員也想如法泡製：把六百個高薪、低污染的工作搬到伊利諾州。也許他對AT&T略施壓力，並拿AT&T所面臨的反托辣斯官司做出讓步或管制政策的鬆綁來做為交換。至於貝爾實驗室內部流傳的理由，則是搬遷的成本並不高：每人發個幾千塊搬遷費，以及可能少部分人辭職⋯⋯

> ESS遷移案之後多年，我訪問到負責該遷移計畫的雷伊・凱奇雷吉（Ray Ketchledge）。當時我正在寫一些文章是關於耗費大量心力的管理，而ESS當然很符合這個主題。我問雷伊，身為經理人最大的成功與失敗是什麼，他說：「成功就別提了，至於失敗，就是那次遷移。你不會相信我們在人員流失方面付出了多少代價。」隨後他做了一些計算。立即可算出來的成本就是搬遷之前就辭職的人數，若以當時遷徙者的百分比來看，初期離職人數要比法國第一次世界大戰死在戰場上的人還多。
>
> ——狄馬克

就公司所受到的傷害而言，命令員工在機關槍前排成一排還比不上把公司搬走，這還只是初步的損失，以貝爾實驗室為例，搬遷一年後，又再次出現人員大出走，這回走的是當初願意乖乖跟公司一起搬家的員工，當搬完家發現不喜歡新家，就再次搬家了。

永續經營的理念

這些年來，我們有幸能為少數幾家離職率超低的公司效命並擔任顧問，當發現這些公司的好事並不是只有低流動率時，你不會感到驚

訝。事實上，本書所討論的許多、或大部分以人為主的特質上，他們看來都表現得不錯。他們是最優秀的公司。

這些最優秀的公司並非都是一個樣，它們的特點比其相似之處更受人注目，不過，有一個共通點就是它們全部都著迷於使自己成為最優秀的，無論在走廊上、工作會議，以及閒聊時，這始終是共同的話題。相反的情況也是如此：不是「最優秀」的公司很少或從不討論這個話題。

最優秀的公司本能地會去努力使自己變成最優秀的，此一共同目標帶來了一致的方向、共同的滿足感，以及強大的凝聚效果，在這裡可以感受到永續經營的氣氛，讓人覺得只有笨蛋才會去別處找工作——其他人會覺得你瘋了。這是一種昔日美國小鎮特有的社區感，也是住在都會區或城市裡的我們大多已經失落的，於是，能在工作場所中重拾這種感覺便顯得益發重要。有些很有企圖的公司會直接營造出這種社區感，例如，讀者文摘和部分惠普公司的辦公地點，就有公司為員工們開闢的社區花園，每到午休時間，花園裡便充滿了業餘耕種或鋤草的農夫，也有人隔著圍籬討論番茄的種種，有時還會舉辦最甜的豌豆或最長的胡瓜比賽，也有以物易物的活動，你可以拿一些大蒜跟別人交換玉米。

你可以證明社區花園在短期內根本沒有任何意義，這些開銷都會出現在本季的財務報表上，於是大部分的公司都會立即打消這個念頭。但對最優秀的公司而言，短期利潤並非唯一考量，更重要的是成為最優秀的，而這是個長期的概念。

員工傾向留在這樣的公司，是因為這裡四處瀰漫著期待你留下的感覺，公司願意大量投資在個人成長，無論是攻讀碩士或時間更長的

新人訓練，某些機構甚至長達一年。當公司在培育人才上投資這麼多心力時，你很難不注意到這種期待你留下的訊息。

低流動率公司還有另一項共同特徵，就是廣泛的再訓練（retraining）。你很容易碰到從祕書、發薪職員，或收發室小弟升上來的經理或主管。這些人當初進公司時毫無經驗，通常才剛從學校畢業，當他們需要新技能以做些改變時，公司便提供了這些技能。沒有哪一項工作是死路。

你當然也可以說，再訓練並非最廉價的填補空缺之道。短期而言，開除一名需要再訓練的員工，並錄取一名已經具備所需技能的新人，當然是比較便宜，大多數公司正是這麼做的，但最優秀的公司則不然，他們明瞭再訓練有助於建立永續經營的理念，進而降低離職率，營造強烈的社區感，他們明瞭這比成本的考量還要重要。

南加州愛迪生電力公司多年前，有一位掌管所有資料處理的主管原本只是一名電表抄錄員；EG&G公司提供從行政人員成為系統分析師的訓練規畫；勞工統計局雇用哲學博士擔任軟體開發人員，而且再訓練從上班第一天就開始；日立軟體公司首席科學家最主要的任務就是訓練新人；太平洋貝爾電話公司開發新系統時，人力的主要來源是受過再訓練的配線員或接線生。這些公司不但異於常規，也自認與眾不同，在實際感受到他們的活力與歸屬感之餘，不禁令人對那些缺少活力與歸屬感的公司感到難過。

20
人力資本

當你閱讀這段文字時,附近可能正有一台運轉中的暖氣或冷氣機,為了改變周遭環境好讓你舒適,電力或某些燃料就這麼被消耗掉了,而這一切都要花錢,你或你的公司每月支付帳單,並將之列在公共事務之類的帳目下。假設三月份的公共事務費是100元,付款人是公司,而公司當月並無任何交易:沒有收入,沒有薪水,什麼都沒有,只有這筆公共事務費。到了三月底,公司的損益表看起來就像圖20.1。

某某公司
損益表
2012年3月

	◇ 2012年3月 ◇
一般收入費用	
費用	
公共事務費	▸ 100.00 ◂
總費用	100.00
一般淨收入	−100.00
淨利	−100.00

圖20.1　第一個月的損益

該表顯示花費大於收入，故該月份有虧損。

下個月的情況稍有不同，公司還是沒有收入，沒有薪水，但天氣已經回暖，完美的四月天誘使你打開窗戶，不再開暖氣，所以沒有公共事務費。不過，你簽了一張支票：購買一台價值100元的掌上型電腦。報帳時，你鍵入了「計算設備」，在會計套裝軟體所建議的支出科目中，顯然這是最恰當的。月底，損益表看起來就像圖20.2。

某某公司
損益表
2012年4月

◇2012年4月◇
淨利　　　▸ ____0.00____ ◂

圖20.2　第二個月的損益

上個月，在沒有收入的情況下簽發一張100元的支票，結果導致公司虧損；這個月，同樣在沒有收入的情況下簽發一張100元的支票，卻令公司收支平衡。為什麼會有這種差別？差別在於報帳時的支出項目不同。三月份，公共事務費被當成一筆費用來看待；四月份，計算設備卻用了完全不同的看待方式，你的會計套裝軟體知道計算設備是另一種資產，就像你在不同銀行帳戶裡的錢一樣，所以，這張支票被當成從一家銀行帳戶轉到另一家的帳戶，對損益完全沒有影響。

費用（expense）就是把錢用掉，到了月底，錢沒了，暖氣也用了。另一方面，投資則是用一項資產購買另一項資產，你若是將一筆花費視為投資而非費用，就等於是資本化（capitalize）這筆花費。

那員工呢？

那麼用於員工的錢呢？按照一般會計的慣例，所有薪資都被視為費用，而非資本投資。這種觀點有時說得通，有時則不然。當員工是在做可供銷售的產品，那就說得通：無論是消耗勞力，還是投資人力，付給員工的薪水最後都要從產品的銷售金額中扣除，以計算出利潤。你不能挑剔公司把勞力當成維持工廠溫度的暖氣般消耗，畢竟到了月底，勞力與暖氣都花掉了。

不過，倘若你把員工送去參加為期一週的訓練研討會，到了月底，員工的薪水和研討會的費用並不會「沒了」，無論他在研討會中學到什麼，都會一直留在他腦子裡。假如你能妥善運用訓練經費，就是投資，而且可能是很好的投資。但是，根據會計慣例，這筆錢會被列為費用。

那誰在乎？

重點並不在於會計師要如何向國稅局或公司股東報告這些細節，而是經理人到底認為公司對員工做了多少投資。人力資本你可以視為是非常有價值的；若是誤把它視為沉沒費用（sunk expense，編按：通常指已經發生、不可收回的費用如時間、精力、金錢等等），只怕會引導經理人採取不當行動，無法留住組織投資的價值。

當然，「無法留住組織投資的價值」是不良管理的主要結果之一。公司的中、高階主管為了在每個階段的競爭都能勝過彼此，於是想到犧牲長期利益來改善短期績效（每季盈餘）的辦法，這種情形通

常叫做「盈虧意識」（bottom-line consciousness），但我們比較喜歡給它另一個名字：「吃老本」（eating the seed corn）。

評估人力資本投資

　　貴公司已經對你和你的同事做了多少投資呢？用一個簡單的方法就可以知道。想想看，當有人離職時會怎麼樣：例如，假設你們的資料庫專家露易絲就做到這個月為止，在此之前，你一直深信你的五人小組一定能在明年夏天以前完成貴公司的新版銷售系統，工作一直進行得很順利，這支團隊合作無間，效率又高──至少在露易絲丟出炸彈之前是如此。現在，誰知道會怎麼樣？這簡直是一場大災難。你打電話告訴人事部門這個壞消息：「露易絲要在三十一日離職，」然後滿懷希望地問：「你們能給我另一個露易絲嗎？」

　　很不幸，人事部門剛好沒有像露易絲那樣條件、技術、領域的專家和人員。「羅夫怎麼樣？」對方提出建議，你從來沒聽過羅夫，其他團隊成員也沒聽過，但大概也只剩下他了，只好答應。事情就這樣解決，露易絲在三十一日離職，羅夫隔天就來上班。

　　就某方面而言，專案一點也不受影響，你在三十一日有五個人，到下個月一日還是有五個人，假如羅夫的薪水跟露易絲一樣，那麼公司為你買到的人力工時根本沒變，這支團隊還是可以得到整整五個人月的工作量，跟露易絲還在的時候完全相同。假如專案上個月並未延誤，這個月也應該能達成預期的進度，所以，你有什麼好擔心的？

　　好，我們來看看羅夫第一天上班的情形。當露易絲離職時，必然留下了若干資料庫的工作，這些工作在羅夫第一天上班時完成了多少

呢？答案當然是什麼都沒有。羅夫並沒有閒著，他一整天都忙著填健保表格、學會怎麼訂午餐、領取用品、設定工作站，以及把他的個人電腦接上網路，他的淨生產力是零，呼，說不定比零還少，假如羅夫還占用其他人的時間──你知道他一定會，像是詢問若干基本問題──則他當天對團隊生產力的貢獻將是負的。

好吧，第一天上班難免，那麼第二天呢？第二天好一點，他現在比較進入狀況，開始閱讀露易絲留給他的筆記了。假如露易絲留下來，就不會有閱讀筆記這種事，因為露易絲對一切瞭若指掌。（若非露易絲要離職，否則也不必寫這些筆記。）羅夫的生產速度還是比不上露易絲，他對團隊可能還是有負面影響，因為他仍不時需要其他團隊成員的協助，占用他人時間。若非羅夫需要幫忙，這些時間本該用於工作生產。

最後，你的新組員羅夫的速度終於完全趕上來了，生產力也恢復到跟露易絲差不多。資料庫工作一職真實的生產力隨時間變化的情形應該就像圖20.3。

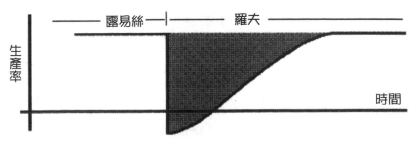

圖20.3　人事流動所造成的生產力流失

生產力在露易絲離職時大受影響，甚至一度低於零，因為其他人

都忙著彌補失去一位原本非常契合的組員所造成的損失。然後，生產力終於恢復了往日水準。

圖中的陰影部分代表因露易絲離職所損失的生產力（未完成的工作），或者，從不同的角度來看，那是公司過去對露易絲的技術與能力所做的投資，現在也對羅夫做同樣的投資，好讓他補上露易絲的位置。

我們可以根據在沒有生產力的時間裡組織所必須付出的費用，來計算出陰影部分值多少錢。假設羅夫得花六個月跟上速度，而且學習呈現線性成長，則投資便大約是一半時間——亦即三個人月。這筆投資若以金錢換算，就是公司在這三個月裡付給羅夫的薪水與經常性開支。

完全進入狀況時間需要多長？

從一位生產力幾乎是負的員工，到追上前一任員工的水準，需要六個月嗎？這對新的應用程式設計師來說，或許還算合理，但對加入從事更複雜工作的團隊來說，可能就不太夠了。每次我們請客戶說說新人需要多少完全進入狀況時間（ramp-up time），得到的回答幾乎都是需要六個月以上。其中有位客戶來自網路協定分析儀與封包監聽器的製造商，該公司估計從新人到進入狀況的時間超過兩年，他們只雇用已能掌握基本技術的人，所以兩年就是學習特定領域和融入團隊的時間，每位新員工的淨資本投資額超過200,000美元。

現在，假設公司正在進行另一波組織瘦身裁員行動，必須考慮解雇一位像這樣的員工，沒錯，這可以省下此人的薪水和其他基本支

出，但200,000美元的投資就這樣沒了。公司要是能想到這一點，就會明白它根本承受不起解雇如此珍貴的資源。

隨華爾街起舞

歷年來的解雇、縮編、人事精簡、規模最適化、裁撤，華爾街對每一項裁員行動都報以熱烈掌聲，彷彿裁員就是這些行動的目的。我們必須指出，事實並非如此：

企業整頓的目的，在於擴大編制，而非縮減編制。

裁員的公司就等於坦白承認他們的高階管理者當初的牛吹破了。

但華爾街還是為此喝采，為什麼呢？有部分原因是為了讓帳目比較好看，走掉幾千名員工，付給他們的工資立刻降到低點，或至少看來如此。在這個盤算中輕易被遺忘的，就是對這些人的投資——當初用真實、憑血汗賺來的錢支付出去的，如今卻被當成沒有價值的廢物丟掉。

照華爾街的觀點，就是把對員工的投資視為費用。想改變這種觀點可能沒有辦法，但是，長期而言，玩這種把戲的公司遲早會遭殃。反過來說也對：長期而言，懂得明智管理投資對象的公司必定興盛隆昌。擁有知識工作者的公司必須明瞭，人力資本是他們最重要的投資，好公司早就這麼做了。

第四部
培育高生產力的團隊

　　請你回想在過去的職場生涯中，最讓你樂在其中的一次工作經驗。那次經驗為什麼讓你樂在其中？答案再簡單不過，「挑戰」。良好的工作經驗通常伴隨著某種程度的挑戰。

　　現在，請再回想那段期間，特別令人愉快的回憶。就像錄影一樣在你腦海中播放，也許是一場會議、一段閒聊、通宵熬夜，或熬夜後的早餐。假如你也像我們一樣，這些回憶既鮮明，又出乎意料地完整，那你甚至還能聽到當時的聲音，以及每個人所講的話，還可以看到大家臉上的表情，整個情境依舊清晰。現在，請將腦海中的錄影凍結，仔細檢視停格的畫面，挑戰在哪裡？我們敢打賭，這段回憶裡根本沒有挑戰，就算有，也只是遠處背景的一部分。

　　最令我們回味無窮的，是前景部分的團隊互動，當一群人結合成一個有意義的整體時，整個工作的本質便大為改觀。這份工作的挑戰相當重要，然其重要性並不在於挑戰中或挑戰本身，而在於它使我們一起專注於某些事物。挑戰是促成我們同在一起的媒介，最佳工作小組的成員總能樂在其中並發揮到極限，團隊互動就是一切，這是使人堅持下去、全力以赴、克服艱難的原因。

　　當團隊結合在一起時，人們的表現會更好，也會擁有更多樂趣。第四部分我們將探討成功凝聚團隊的概念，以及有助於形成這種團隊的做法。

21
一加一大於二

在職場上，我們往往會濫用團隊一詞，把被指派在一起工作的任何一群人都稱做「團隊」。但這其中有許多根本不像團隊，他們彼此對成功的認知都不一樣，也感受不到任何團隊精神，總覺得缺少了什麼——缺少的是我們所謂的凝結（jell）現象。

凝結團隊的概念

一支凝結的團隊，就是已經緊密結合到整體力量大於個別力量總和的一群人。這種團隊的生產力超過同樣一批人處於非凝結狀態下的工作成果，同樣值得一提的是，他們從工作中所得到的快樂也超乎你預料工作本身所能給予的。有時，即使公認為超級無聊的工作，凝結的團隊也照樣能樂在其中。

團隊一旦開始凝結，成功的機會便大幅提升，而且在追求成功的道路上勇往直前，管理這樣的團隊儼然是一大樂事，你大部分的時間只是在幫他們清除障礙，把路開好，免得旁人礙手礙腳：「他們來啦，各位，請讓開點，抓好你的帽子。」你不需要用傳統觀念來管理

他們，他們顯然也不需要加油打氣，他們本身就**充滿幹勁**。

　　之所以會有這樣的效果，說來並不複雜：團隊與生俱來就是圍繞著目標形成。（想想運動團隊：沒目標它還能存在嗎？）團隊在凝結之前，其中的成員或許各自擁有不同的目標，但逐漸凝結之後，他們都會接受共同目標。企業目標之所以格外重要，便在於該目標對團體的意義，即使目標本身對團隊成員來說可能是任意的（arbitrary），他們還是會精神抖擻地盡力達成。

過分樂觀的管理

　　有些經理人可能受不了前面的論點，他們對於任何促使員工接受企業目標的計策都非常反感，為什麼要在這上頭煞費苦心呢？畢竟，員工如果夠專業的話就該接受老闆的目標，這也是受雇條件，這才配叫專業呀。

　　相信員工會自動接受組織的目標，正是管理上天真、過分樂觀的象徵。任何人認同組織目標的歷程其實都相當複雜，例如，某個你所認識的資料庫專家卻更喜歡自稱是一位父親、童軍領隊、或當地教育委員會的委員，你不會覺得這有什麼好驚訝的，他在扮演這些角色時，總是會做出設想周延的價值判斷。如果他來上班時不再做價值判斷，那才令人驚訝呢。他會的，他會持續地檢驗一個個對他個人熱情與忠誠的要求。在組織裡工作的人們會持續密切觀察組織的目標，而其中大部分都會被認定為專制、任意的目標。

　　身為老闆，此時陷入了兩難局面：你或許接受了企業目標（以低於75萬美元的預算，在明年四月前完成專案），而且是心悅誠服地接

受，然而，你的部屬可沒那麼熱中。你很失望，他們的冷漠對你來說可能有如背叛，不過，等等，你自己對企業目標所抱持的強烈熱情，有沒有可能是源自於專業以外的部分？你的老闆或高層難道就沒有耍些小手段，好讓企業目標變成你的目標？若達成公司的使命，肯定會為你帶來更多權力與責任：「今天是阿魯巴專案，明天就是征服全世界！」組織裡所有更高的職位對每一位管理者都非常管用，都可以誘使個人接受企業目標，唯有最下層，也就是真正執行工作的人，這一招無效。我們除了倚賴「專業精神」之外，沒有什麼可以保證大家會朝共同的方向邁進。老天保佑。

假如你任職於搶救鏢鱸（snaildarters）基金會、第一費伯羅尼聖潔教會，或所有成員因共同信仰而緊密結合的任何組織，或許還可以倚賴組織目標對他們的天生吸引力，其他的就算了吧。當最高經營委員會自己興致勃勃地想擴大利潤時，相同的目標對基層的一大群人卻微不足道。「巨石文化公司利潤衝上十億，嗯，為公司締造驚人的一季」。哦，好睏Zzzzzzzz。

> 我曾在一家大型消費金融公司進行一項電信專案，該公司的主要業務是對窮人放高利貸，當時，這在全美有二十三個州都屬於違法行為。而且，原本就相當賺錢的公司還想賺得更多，這並不太容易得到一般員工的認同，但管理階層覺得是理所當然。某個週五傍晚，一群公司代表來找我，表示要為公司創造第二季業績的歷史新高，並請我向其他團隊成員告知這件事，「專注於此一目標」。我這輩子從未待過比他們更專注的團隊，但隔天一早，我還是盡職地轉達這項訊息。（週六還來上班的他們聽了大為光

火。）團隊就像失去風的帆一樣沒力，首席程式設計師說出了眾人的感受：「誰鳥他們的第二季？」半小時後，他們統統回家了。

　　　　　　　　　　　　　　　　　　　　　　　　——狄馬克

　　系統的建立是一種任意性的目標，但團隊接受了，團隊正是圍繞著這個目標而形成的。從凝結的那一刻起，團隊成員付出心力的真正焦點就是團隊本身，身在團隊，為的就是要一起追求成功，以及達成目標的喜悅，只要在一起，隨便什麼目標都行。要求他們把對專案的注意力轉移到公司利潤上，不會有任何幫助，反而會使成功變得微不足道，並且失去意義。

六壯士

　　對員工來說，企業目標似乎總是專制、任意的——對員工來說，企業看起來就是很專制的樣子——但這種專制不見得沒有人認同，否則，也不會有運動團隊，運動團隊的目標總是極度專制、任意。這世界才不管小白球進了阿根廷的球門，還是義大利的球門，但許多人都對比賽結果非常熱中，熱中的程度要看他們屬於什麼團體。

　　與團隊有點接觸的人或許會稍微關心團隊的成敗，然其關心程度遠不及團隊成員自己，處在凝結團隊中的人經常熱中到可以對納瓦隆大砲展開突擊行動，全速通過退休金信託系統的第三版驗收測試，你必須提醒他們並不是在打一場道義戰爭（the Moral Equivalent of War）。

[譯註]

《六壯士》（*The Guns of Navarone*）是一部電影，描述二次大戰時，德軍在愛琴海納瓦隆小島上，以兩門巨砲控制海上航道，威脅英軍的行動，英軍乃派遣六人突擊小組攻堅。儘管過程曲折離奇，這支團隊最終還是達成了任務。

　　儘管象徵凝結團隊的活力與熱情非常重要，但經理人卻不怎麼費心去經營，有部分原因是不太了解這對團隊的重要性。對達成目標具有強烈動機的經理人可能會注意到，達成目標的並不是團隊，而是團隊裡的人，事實上，所有為達目標所需的工作項目都是由團隊裡的個人來執行，這些項目大部分都是由單獨工作的個人所完成的。

　　我們的工作多半都不太需要真正的團隊合作，但團隊還是很重要，因為團隊的作用在於把大家導入同一個方向。

團隊的目的並不在於達成目標，而在於統一目標。

　　當團隊朝目標邁進時，團隊成員會因方向更正確而更有效率。

凝結團隊的特徵

　　凝結團隊誕生時，有一些顯著的徵兆，最明顯的就是低離職率，在專案期間，工作已明確正在進行，事情沒有做完，團隊成員不會想去其他地方。原本很重要的事物（金錢、地位、升遷），到了凝結後卻變得不再那麼重要，人們當然不會為了多一點點薪水這種老掉牙的

理由而離開團隊。很遺憾，經理人對這般突顯自己成功的徵兆通常都沒有感覺，連離職率快要他的命了都無動於衷，對低離職率就更沒什麼好理的了。

凝結團隊通常有強烈的認同感，那些為業界津津樂道的團隊都各自擁有生動活潑的名稱：奇異的「Okie編碼人」（Okie Coders）、杜邦的「四人幫」（Gang of Four）、辛辛那提瓦斯暨電力公司的「混沌小組」（Chaos Group）。團隊成員可能有固定的口頭禪、許多共同的玩笑，可能有明確的團隊活動的地方，可能會一起吃中飯，或下班後一同去酒吧裡鬼混。

好團隊也會有優越感，團隊成員自命不凡，自認比世人優秀，他們趾高氣昂、以霹靂小組自居的態度，惹得團隊以外的人很不高興。

凝結團隊通常認為產品共同擁有，參與人員喜歡把自己跟大家的名字一起放進產品，或成為產品的一部分，每個人都熱中參與同儕審查，接近完工時，也會用產品圖片來布置團隊空間。

凝結團隊的最後一項特徵，就是明顯樂在其中。凝結團隊就是令人感到很健康，互動輕鬆、自在而溫馨。

團隊與派系

當讀到凝結團隊自成一國，而且有點睥睨全世界的味道時，會惹得你渾身不自在，別擔心，不是只有你有這種感覺，我們幾乎可以聽到你的心聲：「等等，這些稱做一支『團隊』的傢伙，或許應該叫『派系』才對，團隊是很好，但派系不是應該盡力避免的嗎？」

團隊與派系的不同，就像微風與冷風的差別，兩者都有相同的

意思：都是「冷氣流」。如果冷氣流令你舒暢，就叫做微風，若很惱人，就叫做冷風。兩者字面意義相同，理解出來卻大不相同。同理，團隊與派系的字面意義相同，理解出來卻大不相同，一支緊密結合的凝結工作小組，令你欣賞，就說團隊，令你倍感威脅，就說派系。

害怕派系是缺乏安全感的症狀，越缺乏安全感，對派系的想法就越畏懼，原因就是：經理人通常不是真正的團隊成員（細節請參考第28章〈團隊形成的化學作用〉），所以，將經理人排除在外的情感，會強過將之納入團隊的情感；團隊內部的情感，會強過團隊與公司之間的情感。還有令人畏懼的是，緊密結合的團隊可能會帶著他們的活力與熱情一塊投效敵營。基於這些原因，缺乏安全感的經理人視派系為威脅，這些經理人還比較喜歡跟一群長相一樣、可替換、彼此無關的制式塑膠人一起共事。

凝結團隊或許自視甚高、自給自足、令人討厭、又排外，但跟任何可隨意替換與拼湊的人相比，他們更有助於經理人達成真正的目標。

22
黑色團隊

你要是有過與凝結團隊共事的愉快經驗，就能理解凝結團隊的價值，假如沒有這方面的經驗，本章也打算讓你體會一下。接下來的故事，是有關1960年代開始嶄露頭角的一支知名團隊，當然，其中有部分情節或許過於誇大，但整體而言，仍不失為一個很好的傳奇故事，至少大部分的內容都是真的。

傳奇的誕生

很久很久以前（相對於現在而言），紐約州北方有一家製造大藍電腦的公司，該公司也製造供這些電腦使用的軟體。這家公司的客戶人都很好，但可別說出去，當他們拿到滿是臭蟲（bug）的軟體時，照樣會變得很可怕。有好一陣子，該公司把心力都花在訓練客戶們容忍臭蟲，但這根本行不通，於是只好硬著頭皮決定除蟲。

［譯註］
大藍（large blue, big blue）就是藍色巨人IBM。

最容易想到的辦法，就是要求程式設計師在交付產品之前就先除蟲完畢，不知何故，這還是行不通，原因似乎是程式設計師（至少在當時）總認為自己寫的程式都很完美。他們盡力去做，還是無法找出所有臭蟲，所以當宣稱軟體完成時，臭蟲往往還有一大堆。

要找出所有臭蟲相當困難，但某些測試人員就是比別人高竿，該公司便把這些特別有天份的測試人員集合起來，成立一支小組，並賦予他們職權，任何重要的軟體在送交客戶之前，都必須經過他們的最後測試，充滿傳奇的黑色團隊於焉誕生。

黑色團隊最初是由測試能力較佳的人所組成，所以他們在測試方面的動機本來就比較強，加上他們測的都是別人寫的程式，所以也不會有球員兼裁判的問題。大體上，這支團隊的成立是希望多少改善一下產品品質，並不指望會有多大的貢獻，然而，得到的成果卻遠超乎預期。

黑色團隊最令人驚訝的，並不是一開始就有多好的表現，而是隔年的大幅進展。當時發生了一些神奇的事：這支團隊正在醞釀屬於自己的獨特個性，此乃團隊成員所培養出來的魔鬼測試哲學，這是一種希冀、渴望找出軟體瑕疵的哲學。他們根本不像當初一樣協助開發人員，而是完全相反，他們以降伏軟體程式（以及程式設計師）為樂，結果做的根本就不是測試，而是折磨程式。把程式交給黑色團隊，不啻在無情的明面前現身。

［譯註］

無情的明（Ming the Merciless）是連環漫畫《飛俠哥頓》（*Flash Gordon*）中可怕的大魔頭。

可憐的地球人，受死吧！

黑色團隊以不懷好意、找碴的心態來進行測試，起初只是鬧著玩，到後來卻愛上了搞當你的程式，根本不再是開玩笑。他們開始把自己塑造成毀滅者的形象，除了要毀滅你的程式之外，還要毀滅你的一天。他們用很不入流的手段引誘當機、塞爆緩衝區、拿空檔案來比較、鍵入奇奇怪怪的資料，善男信女們眼睜睜地看著自己的程式在這群傢伙的蹂躪下出槌，無不氣得落淚，但你被搞得越慘，他們就越高興。

為了強化卑劣的形象，團隊成員開始穿著黑衣（這就是黑色團隊的由來），每當程式當掉，他們就發出可怕的喀喀笑聲，其中還有人開始蓄鬚，以便可以像西蒙‧雷格里一樣撫弄著鬍子，這些人聚在一起就會搞出更可怕的測試陰謀，程式設計師開始抱怨黑色團隊的變態。

［譯註］
美國女作家斯托夫人（Harriet Beecher Stowe）所寫的反奴隸小說《湯姆叔叔的小屋》（*Uncle Tom's Cabin*）中，有個兇狠殘暴、虐待黑奴的角色，就是西蒙‧雷格里（Simon Legree），後來成為殘暴之徒的代名詞。

不消說，公司對此大感欣慰，黑色團隊每多發現一個瑕疵，客戶就少發現一個瑕疵，成立這支團隊真是一大成功。做為一個測試小組，它相當成功，但更重要的是我們講這個故事的目的——做為一支

團隊，它相當成功。這支團隊的成員從自己的行徑中所得到的快感，
已經到了令團隊以外的人心生嫉妒的地步，黑色裝扮和古怪誇張的行
為雖然搞笑，但其實還有更重要的事情正在發生，團隊內部的化學作
用，已經成了這些怪異行徑本身的結果。

註腳

時過境遷，黑色團隊成員陸續離開另謀高就，由於這支團隊的功
用對這家公司來說至關重要，所以一有人離開，就會立即補人，直到
原班人馬全部離去，黑色團隊依然存在，儘管已見不到元老級成員，
卻無損於散發它原有的活力與個性。

23
團隊殺手

本來，這應該是簡明扼要的一章，標題訂為「為貴公司打造凝結團隊」，內容包括成立一支好團隊的六個要點，根據這些要點，就保證可以打造出凝結團隊。當初在規畫這本書時，我們的確打算這麼做，也信心滿滿。切入核心，提供實用的工具，以幫助讀者把團隊凝結起來，有何困難？以我們所有的技術、所有的經驗，靠我們的邏輯推理與聰明才智來克服問題，正是當初我們在規畫階段時的想法……

規畫與執行之間是有差距的，在現實中，我們感到相當苦惱。首先，我們就是找不出本章所需的六個要點，一個也找不出，我們已做好降低期望的準備，但還不夠。（總不能寫成「打造凝結團隊的零個要點」吧？）本章的想法顯然出了差錯，問題就出在把團隊凝結起來的念頭。你根本無法讓團隊凝結，你可以祈禱，也可以做些有利於凝結的事，但就是無法讓它發生。這個過程相當脆弱，無法控制。

我們降低期望的方式還包括了改變用語，我們不再說建立團隊，而改說培育團隊。拿農業來比喻似乎是正確的，農業無法完全控制，你按照最新的理論施肥、播種、灌溉，接下來也只能屏息等待，或許

可以得到收成，或許得不到，如果順利結果，你很開心，但明年照樣得繼續等待，這跟等待團隊形成非常類似。

現在開始腦力激盪：找出「促使團隊形成必須做的六件事」。還是很難。最後，在絕望中，我們嘗試運用艾德華‧迪波諾（Edward deBono）在《應用水平思考法》（*Lateral Thinking*）中所提到的倒轉（inversion）技巧。當問題怎麼也解決不了時，迪波諾建議，與其尋找達成目標的辦法，不如尋找達不到目標的辦法，此舉有助於釐清你的混亂思緒，並保有創意。於是，我們從尋找促使團隊形成的辦法，轉為思考讓團隊形成不了的辦法。這簡單，沒花多少時間，我們就得到許多肯定能抑制團隊形成，以及擾亂專案社會學的辦法。把這些手段集結起來，成為一套策略，我們稱之為團隊殺手（teamicide）。以下就是團隊殺手的簡單一覽表：

- 防禦性管理
- 官僚作風
- 實體隔離
- 時間分割
- 產品的品質降低
- 虛假的最後期限
- 派系控制

這些手法中，有些非常眼熟，它們正是各家公司一直在做的事。

防禦性管理

身為經理人，在面對大部分的風險時，採取防禦姿態相當合理。假如工作時所使用的裝置經常故障，你就得做好備份；假如客戶老是猶豫不決，你就得費心敲定產品規格；假如承包商傾向「忘記」承諾，每次和他們開完會你就得發布會議紀錄。

但是，只有一個地方，採取防禦態度一定會遭到反效果：你無法針對無能的部屬，事前採取防護措施。假如員工無法應付手邊的工作，你就註定會失敗。當然，要是這些人真的不適任，你就應該另覓新人；但是你一旦決定與這支團隊共事，最好的策略就是信任他們。任何防禦性手段，無論怎樣保證成功，都只會把事情弄得更糟，短期內或許可以讓你安一下心，但長期而言將不會有任何幫助，還會扼殺所有促成團隊凝結的機會。

> 一天，當我向一個專案團隊發表編號9B顧問演說時，我發現自己正在譴責他們，因為他們對某個新系統所提出來的概念，並沒有取得客戶的同意。他們全都面露慚色，其中一人終於說話：「我們都同意應該讓客戶先看過這個東西，但我們老闆已有嚴格規定，未經他的許可，任何東西都不得對外展示。」她繼續解釋，老闆忙到應接不暇，公文匣堆滿了幾個月的工作，他們又能怎樣？只好背地裡做下去，儘管明知最後展示給客戶看時，他們所做的大部分都通不過客戶的檢閱。
>
> ——李斯特

這位老闆不相信自己的部屬，擔心部屬會向客戶代表展示錯誤的

東西，擔心部屬的錯會牽連自己，只有自己有能力做判斷，其他人統統不可靠。

　　假如你就是這位管理者，當然會覺得自己的判斷比底下的人好，你經驗較多，標準也較高，這正是由你來當管理者的緣故。專案裡的每一個階段若是沒有你的介入與判斷，他們就可能會出錯，但那又何妨？就讓他們犯錯吧，你又不是不能推翻決定（並不常），或再對這個案子下達特別的指示。然而，要是部屬認知到自己連一點錯都不能犯，這就等於是清楚而明確地傳達出「你不信任他們」的訊息。沒有比這個訊息更能阻礙團隊形成的了。

　　大部分管理者都自認為很清楚何時該信任部屬、何時不該，但根據我們的經驗，有太多管理者都搞錯了不該信任部屬的時機，他們所遵循的前提就是，只要部屬能正確地執行，或許可以讓他們完全自治。這根本無助於自治。唯一有意義的自由，就是有自由用不同於上司所用的方法來做事。此一概念廣義來說也成立：擁有做對事情的權利（在你上司眼中或政府眼中是對的）並不重要，唯有擁有做錯事情的權利，才能讓你自由。

　　最明顯的防禦性管理伎倆，就是頒布方法論（「我的部屬已笨到沒有方法論就做不出任何系統」），以及管理者的技術干預，這兩點到頭來都註定要失敗。此外，它們也是最直接有效的團隊殺手，一群不被信任的人，不會有什麼意願聚在一起成為緊密合作的團隊。

官僚作風

　　卡波斯・瓊斯（Capers Jones）在 1970 與 1980 年代所做的研究

中，對系統開發的各種工作類型的成本做出了報告，其中一類就是
「文書工作」。瓊斯所講的文書工作，大體上是不用腦筋的紙上作業，
這是因為決定文件內容所需要的思考時間，已被歸類在其他活動之
中，像是分析、設計，或測試規畫。換句話說，他所分類的「文書工
作」純粹是指官樣文章。根據瓊斯的結論，文書工作是系統開發的第
二大類工作，在製作一項產品時，其耗費的成本就占掉三成以上。

　　令人沮喪的是，當今開發人員已日益官僚，這或許就是防禦性管
理大流行的徵兆。但即使這個趨勢是全球性的，呈現出來的結果卻有
所不同，就我們了解，有些開發團隊看起來就像卡夫卡（Kafka）小
說裡的恐怖官僚，而有些公司的文書工作負擔卻很小。

　　不用腦筋的紙上作業根本是浪費，因為有礙工作，故應予譴責，
但這並非此處的重點，重點在於官僚作風不利於團隊形成。團隊必須
相信自己賴以形成的目標，目標可以是任意的，但至少它得存在。一
定要有能彰顯管理信仰的證據在其中，倘若還要叫部屬花三分之一的
時間去搞文件，又如何讓他們相信目標的重要性？搞文件的人根本無
法讓自己進入霹靂小組的團隊模式，他們將會喪失追求成功的熱情。

實體隔離

　　當初傢俱糾察隊擁護Zippo-Flippo模組化辦公室系統時，就是
以「彈性」做為號召，不過，真要用上一點彈性，好讓團隊聚在一起
時，他們的臉就拉下來了：「我們不能只為了讓這四個人坐在一塊就
擾亂一切，還要在美麗的地毯上移動傢俱，難道他們不能用簡訊聯繫
嗎？」結果，一支原本應該緊密凝結的團隊，其成員卻分散於不同樓

層或甚至不同大樓。對特定工作的互動也許影響不大,但非正式的互動就完全喪失了,團隊成員搞不好跟隔壁的非團隊成員還比較熟,只因他們比較常見面。沒有團隊空間,就沒有立即而持續的強化作用,也沒有機會形成團隊文化。(你無法想像穿得一身黑的黑色團隊散布在不同工作場所,日常相處的竟是被自己捉弄、視自己為怪物的人,整個樂趣就在悲嘆中消失殆盡。)

把互動會很緊密的人隔離開來,一點也不合理,周遭的同事會變成噪音與干擾的來源。只有當這些人隸屬於同一團隊時,他們才會傾向於同時安靜,而打斷神馳狀態的情況也會比較少。把他們放在一塊,同時提供了非正式的互動機會,而這正是形成團隊所必須的。

時間分割

我有個客戶是澳洲政府的某個機構,在一次諮詢造訪中,根據所蒐集到的資料,發現該機構平均每個員工都參與了至少四個專案。我向他們的主管抱怨,他說很遺憾,但事實就是如此,員工的職責被切割到這種地步,是因為員工所擁有的知識與技能,使得他們在被任命的主要專案之外還必須參與其他案子。他說這無可避免,我說這胡說八道。我建議他制定一項特別政策,亦即員工一次只能被指派一項專案,這項政策必須訴諸文字並公告周知。這位主管很有膽識,一年後,我再去看,每個員工平均參與的專案已低於兩個。

——狄馬克

時間分割不利於團隊形成，也有損工作效率（也許你早已看出端倪）。一個人能掌握的人際交流量有限，同時身兼四個工作團隊，就有四倍的人際交流要進行，而且時間都耗在轉換團隊上。

沒有人能同時身兼多個凝結團隊，凝結團隊的密切互動具有獨占性，成員的時間若被嚴重分割，團隊就無法凝結。最可悲的，就是我們所允許的時間分割程度遠超過實際所需，甚至傾向於對此默不吭聲。其實只要說出員工一次只能被指派一項工作，就能大幅減少時間分割，並給予團隊真正成形的機會。

產品的品質降低

這裡用的標題很好笑，沒有人會談品質降低的產品，他們談的是成本降低的產品，但這兩者通常導致相同的結果。一般採取縮短交付時程的做法，都會導致產品品質降低，而產品的最終使用者向來也贊同這種取捨（犧牲一點品質，以換取提早交貨，或更便宜的產品），但是，這種妥協對開發人員來說相當痛苦。他們的自尊與工作樂趣深受打擊，因為他們必須打造一個品質顯然低於他們能力範圍的產品。

降低品質很快就會使即將建立的團隊認同感破壞殆盡，開發次級品的同事甚至懶得看彼此一眼，在他們身上找不到共同的成就感。他們了解，一旦可以不再做手上正在做的事，就可以鬆一口氣，等專案結束後，他們都會想盡辦法避開其他團隊成員，去做些更好的東西。

虛假的最後期限

我們在第3章〈維也納等著你〉說過，緊迫的最後期限有時會讓人氣餒，不過，如果最後期限雖緊迫但並非不可能達到，對團隊來說，就可能是一個令人愉快的挑戰。至於一點幫助都沒有的，就是虛假的最後期限，當管理者喊著「我們絕對要在 X 月 X 日之前完成」，團隊成員幾乎都不自主地翻白眼，這種狼來了的把戲，他們早就習慣了。

或許虛假的最後期限之前行得通，或許曾有員工天真到真的相信經理人的話，當老闆說，這項工作「絕對、肯定要在一月之前完成，」或許他們就接受了，然後全力以赴，或許吧。但這招肯定不再管用，部屬將會知道你是不是又在唬人，倘若你說，這項產品絕對要在某一天出貨，他們就會問：「為什麼？宇宙會因我們延遲就停止運轉嗎？公司會倒閉嗎？國家會沉入大海嗎？西方文明會崩潰嗎？」

在典型的虛假最後期限宣誓演說中，管理者會宣示工作必須在某年某月某日完成，該日期已表明根本不可能達成，大家都心知肚明。絕對會落後（主要是因為最後期限之神聖不可侵犯），工作進度如此僵化，自然無法獲致成功，而員工得到的訊息也相當明顯：老闆是一個不尊重、不關心員工的帕金森機器人，老闆相信不施壓，員工就不會做事。可別期望這種專案會有凝結團隊。

派系控制

一位參與我們研討會的人提出了他的看法：「我們的管理階層唯

一表現出認知到團隊存在的時候，就是準備採取行動解散團隊的時候。」也許已有政策明訂，不允許團隊從一項工作延續到另一項工作，或者政策上已律定，即將結案時，團隊成員就必須逐步調離，好讓人事部門能有效地把人納編到新專案。這些政策都保證讓團隊無法繼續存在。此外，有些組織雖不採取特定的步驟來解散團隊，卻坐失任何讓團隊繼續存在的機會。

我們的社會一向非常喜好團隊活動的樂趣以及團隊互動的活力，為什麼企業組織卻對於團隊如此冷漠或甚至排斥呢？一如第21章〈一加一大於二〉所說，有部分是因為缺乏安全感，其他原因則出自於管理高層對團隊的意識相當模糊。正如我們所言，團隊現象只發生在組織基層，所謂的「管理團隊」是根本不存在的東西——管理階層絕對不會形成凝結團隊。管理者若與團隊緊密結合，唯一的可能就是他同時扮演兩種角色，部屬把他當作兼職同儕。當你在公司組織圖上爬得越高，凝結團隊的概念就越後退，越被人遺忘。

還有一點

大部分的組織都不會故意去謀殺團隊，而是直接動手。

24
再談團隊殺手

我們（在寫第一版的時候）原以為上一章提到的七種團隊殺手已涵蓋了所有可能性，不料還是漏了重要的兩種。跟原本那七種一樣，這兩種在我們這一行也很常見，其中一種已非常普遍，連小型的新興產業都很風行⋯⋯

該死的海報和獎牌

下回搭機時，不妨翻閱一下航空雜誌或客艙購物目錄的整頁廣告，你一定可以找到精美的勵志海報，還有加了框、可用來貼在公司牆上的標語（以免有人把牆用來掛滿工作成果）。瞄一下還不夠，請務必詳讀內容、咀嚼再三，欣賞抑揚頓挫的韻律，此時，你要是還能心平氣和，就表示已經被那些卑鄙無恥的經理人荼毒太久了。

大部分團隊殺手所造成的傷害都來自於徹底貶損工作，或貶損從事該工作的人。欲催生團隊則靠一般常識，強調工作的重要性，強調把工作做好是值得的，其中，好這個字很關鍵：團隊會自動自發設定並堅持一個令人引以為傲的工藝標準。所有團隊成員都很清楚，工作

的品質對組織至關重要，但團隊會採取更高的標準以示與眾不同，缺少這層內涵，這群人就只是一群人，不是真正的團隊。

　　為能了解其中的糾葛，請想像掛起一張價值150美元的加框海報，鼓勵員工「品質乃第一要務」。喔，是啊，我們還沒想到這一點耶，噢不，長官，我們還以為——直到這張棒呆了的海報出現之前——品質是第二十九、第一百一十七，甚至是企業價值排名更後面、可能還不及於挖耳垢或垃圾分類的事情，但現在我們知道了，謝謝。

　　這些被稱為激勵士氣的裝飾品（包括印有標語的馬克杯、獎牌、別針、鑰匙圈，以及獎狀），儼然是形式重於實質的經典之作，看似在宣揚「品質」、「領導」、「創意」、「團隊合作」、「忠誠」，以及其他各種企業美德的重要性，然其過於簡化的形式卻傳達出完全相反的訊息：管理階層相信藉由掛海報可以培養這些美德，而非藉由努力工作和管理才幹。所有人很快就會明白，這些海報的存在正是缺乏努力工作與才幹的象徵。

　　如此重要的美德卻淪為激勵海報的主題，這已是一種侮辱，掛出來則更糟。想像一家公司掛出一張海報：以柔焦呈現出揮汗划槳的一群人，動作完美劃一地穿越晨霧，下面還印有一段文字，部分內容是：

團・隊・合・作

……使凡人締造非凡成果的原動力

　　此處的「凡人」指的就是你和你同事。凡人（請不要太生氣），至少這家公司的態度前後一致：該公司另一張有關領導的海報則告訴我們「領導者的速度決定整體的速度」，整體，沒錯，指的又是你。

　　激勵士氣的裝飾品不但做作，讓大部分的人起雞皮疙瘩，還會對

健康的組織造成傷害，唯一不會遭受傷害的地方就是無視於這些裝飾品存在的地方——這些公司所遭受的傷害非常久遠，員工已經完全麻木。

加班：料想不到的副作用

你也許在本書第一版的章節中已讀到一些反對加班的說法，根據我們的經驗，超時工作的正面效果總被過分誇大，而負面衝擊卻幾乎遭到忽視。負面衝擊其實很具體：出錯、油盡燈枯、離職率上升，還有補償性的「打混摸魚」。在本小節中，我們要探討加班的另一個負面效果：殺死健全的工作團體。

想像一支凝結良好的團隊所負責的專案，你和同伴們正創作出優秀的工作成果，進展的速度連自己和老闆都非常驚訝，你們知道這是團隊凝結所發揮出來的神效，使得整個團隊的產能超過了個人生產力的總和，但這還不夠，老闆已承諾六月就要交貨，照目前的速度根本辦不到。

看來得加一點班了，對吧？你把團隊切到高速檔，每週多工作幾個小時（而且照樣維持在高速運轉），連禮拜六也可能要來上班，唯一的問題是：有一位團隊成員——姑且叫他亞倫——就是無法和其他人並肩作戰，他太太已經過世，所以必須獨力照顧年幼的兒子，每天下午五點一刻就得到托兒所接孩子，可想而知，週六、週日是他唯一能跟兒子好好相處的時間，不容剝奪。

嘿，沒關係，你想，大夥可以幫亞倫做。我們都能理解，你們當然也是……但這是在一開始的時候。

然而，幾個月後，其他人開始告急，每個人的禮拜六都砸進去

了，甚至賠上了大部分的禮拜天，每週工作六十幾個小時，這個情況
持續得比你想像的還要久，老婆孩子怨聲載道，家裡堆滿了髒衣服，
好多帳單都還沒去繳，度假計畫也被迫取消，到了這個關頭，亞倫還
是每週工作四十個小時，終於有人說出了眾人的心聲：「我受夠了做
亞倫那一份工作。」

　　怎麼回事？本來團隊凝結得好好的，卻因為加班政策的不公平而
出現了嫌隙。但是，優秀團隊的成員向來就不會在各方面表現一致，
每個人能「借出」多少個人時間當然也不會一樣，幾乎所有四到六人
的團隊中，總會有人無法比照其他人一樣加班到這種程度，倘若只是
多做幾個晚上，或只是額外付出一個週末，也不會有人介意，但假如
一加就是好幾個月的班，連最愛加班的人都開始計較，這就會危害到
團隊的凝聚力了，漸漸地，不能分享痛苦的人會被疏遠，團隊的魔力
終將消失。

　　無論如何，長期加班是降低生產力的做法，多出來的工作時間總
會被不良的副作用給抵銷掉，就算你認為團隊不致於瓦解亦然。當你
打算動用團隊成員不同的加班能力時，這麼做往往會摧毀團隊，更加
證明了團隊不應該加班。

　　大部分經理人多少都曾懷疑過加班的效用，需要大量加班的專案
也不能彰顯經理人的能力與天份，但無論如何，他們終究認同或鼓勵
了加班的做法。怎麼會這樣呢？知名顧問與作家傑瑞・溫伯格（Jerry
Weinberg）的答案是：最好不要為了如期完成而加太多班，即使那是
一個當你無法如期完成時可以卸責的藉口。❶

---

❶ Private communication, Fort Collins, Colorado, 1990.

25
競爭

團隊或工作團體中的競爭是一項錯綜複雜的議題，經理人的看法往往也不一致。你一定聽說過公司是為了與其他公司競爭而存在的說法，依此類推，在公司裡保有一些競爭，便是維持競爭優勢的健康做法。另一些經理人則主張，讓團隊成員彼此感到敵對並不恰當，至少在極端的情況下，競爭有礙團隊凝結，例如，要是告知團隊成員，明年他們之中只有最好的人可以留任，便可確定他們在分工合作上將不會有太好的表現。

考量以下的比喻

一如經理人，父母有時也必須在內部競爭的議題上掙扎，他們可能會發現子女經常相互競爭，也會試圖安慰自己，為了讓孩子在將來崎嶇的人生道路上保有競爭力，或許在家裡先磨練一下也無妨。

不過，兄弟姊妹間的競爭並非全然無害，例如，我們都知道，過度的手足競爭會拉開彼此的距離，兒時競爭較不激烈的兄弟姊妹，長大後至少還有機會維持溫暖的情誼。你可能就認識長大後都「不講

話」的手足，或更極端的例子，整個家族的兄弟姊妹到了成年後便統統不相往來。

如今，父母該不該鼓勵手足競爭已有具體共識，當孩子缺乏父母關愛，沒有注入足夠的時間、尊重、關注與感情，較容易產生競爭。

工作團隊內部的競爭會不會跟經理人沒有注入時間、尊重、關注與感情有關？這個說法或許過於簡化，但我們相信這是問題的核心。

有什麼大不了？指導的重要

必須在一起工作的人若是競爭過於激烈，長期來看會有什麼影響？第一個被犧牲的，就是常見於健康團隊中、輕鬆而有效的同儕指導（peer-coaching）。

身為經理人，你或許自認為是麾下團隊的主要指導者，這無疑是過去很普遍的模式，對於員工必須專精的技能，高科技老闆以此來證明自己就是專家。然而，當今知識工作者所組成的團隊普遍都是技術的混合體，老闆精通的只有其中某些技術，通常只能指導某幾位團隊成員，那其他的人怎麼辦呢？我們越來越相信，大部分的指導係來自於團隊成員本身。

當你觀察一支運作中的凝結團隊時，應該就看得到同儕指導，這是一種隨時都會進行的本能作為。團隊成員兩兩坐下來交換知識，此時，總有一人當學習者，而另一人當老師，這兩人的角色也會適時變換，或許，一開始由A指導B有關TCP/IP方面，然後由B指導A有關佇列的實作方面，倘若運作良好，參與者甚至感受不到指導的存在，他們可能不把它當成指導來看，而僅僅把它當成工作。

　　無論把它當成什麼，在成功的團隊互動中，指導是一大要素，它提供了協調與個人成長的管道，同時也令人愉快，我們總會回顧之前經歷的重大指導，並把它視為近乎信仰般的經驗。對於曾經指導過我們的人，我們會覺得虧欠，而藉由指導他人，便會有清償前債的喜悅。

　　人若是缺乏安全感，指導的行為就不會發生，在一定的競爭氣氛下，除非你瘋了，否則才不會讓別人看到自己被指導的樣子，這會彰顯對方在某方面勝你一籌。指導他人也很愚蠢，對方搞不好會因你的幫助而勝過你。

再談團隊殺手

　　內部競爭會直接對同儕指導造成衝擊，使之變得困難或不可行，既然指導是健康團隊運作的基本要素，那麼經理人採取任何促進團隊內部競爭的措施，都應視為團隊殺手。以下便是若干可能促使團隊死亡的管理作為：

- 年度薪資或獎懲考評
- 目標管理（management by objectives, MBO）
- 讚美特定員工的特殊成就
- 根據績效犒賞、獎勵、分紅
- 幾乎任何形式的績效評量

　　等等，這些不正是管理者大部分時間在做的事嗎？很遺憾，是的，而且這些行為有可能促使團隊死亡。

愛德華・戴明（W. Edwards Deming）在他1982年的著作《轉危為安》（*Out of the Crisis*）中，提出了當今廣受遵循的「管理十四要點」，猛然想起，其中的要點12B是這麼說的：

> 排除那些不能讓管理人員及工程師以工作成果為榮的障礙，這也就是說〔尤其〕年度考績制度及目標管理必須停用。❶

即使以戴明派自居的人，對這一點也很頭大，他們氣喘吁吁地問，不然，我們究竟該做什麼呢？

戴明認為，目標管理（MBO）及其類似概念乃是管理上的逃避藉口，藉由過分簡化的外部激勵因素來刺激員工的表現，如此一來，管理者就可以免除像是投資、直接的個人激勵、花心思讓團隊凝結起來、人員留任，以及工作流程的持續分析與重新設計，這些困難的事務。

至於我們的看法則比較狹隘：任何對團隊成員的差別待遇，都有可能助長競爭，管理者有必要採取行動以降低或彌補這個影響。

混淆的隱喻

插播一則消息……

作者的驚人告白

---

❶ W. E. Deming, *Out of the Crisis* (Cambridge, Mass.: MIT Center for Advanced Engineering Study, 1982), p. 24.

綜觀全書，我們經常拿運動團隊來討論並比喻一支凝結良好的技術工作團體，現在不得不在此強調，我們已不再執著於這個比喻。

最近頗令我們困擾的，就是運動團隊的比喻意味著競爭。橄欖球隊、足球隊、棒球隊在不同聯盟之間競爭，但他們也鼓勵內部的良性競爭，例如，坐冷板凳的球員對於一軍球員必定會感到一絲競爭的念頭，沒錯，為求勝利，他們當然會為一軍加油，但過程中恐怕不會加油得那麼用力。

> 高中時，我是籃球校隊裡最矮的球員。我還記得在我遞補上場前那位犯滿離場的傢伙，他叫道格‧迪莫曼，是全隊最有才華的球員，他幾乎很少犯規，我把他當成自己兄弟，但還是覺得⋯⋯
>
> ——狄馬克

我們都知道，儘管某個隊員失誤，運動團隊還是可以贏得比賽，另一方面，即使隊員整晚表現都很精采，團隊還是有可能慘遭失敗，所以，個人成敗並不保證團隊的整體成敗。這是一種很不完美的情況，只會使得初期的競爭傾向越加惡化。

對照另一個例子，唱詩班或合唱團在個人成敗與團體成敗之間，就有近乎完美的連結。（絕對不會有人在整個團唱走了音，還稱讚你的部分唱得非常完美。）

所以，儘管為時已晚，我們仍需告訴各位，音樂演奏團體更適合用來比喻凝結良好的工作團隊。當然，我們並不是唯一用「團隊」一詞來形容這種團體的人。

無論「團隊」、「團體」、「協同一致的工作小組」，怎麼稱呼並不重要，重要的是協助所有成員都了解，個人成功與整體成功緊緊相繫。

26
義大利麵晚餐

想像一下你是一名技術人員，剛被指派參與一項新專案，你知道專案經理和大部分參與者的姓名，但也僅止於此。你預計下週一正式加入新專案，但在本週三接到了準老闆的電話，她說，打算為新專案的成員辦一場聚會，不知你週四傍晚有沒有空到她家裡，跟其他團隊成員一起吃個飯？你當晚沒事，也希望見見未來的同事，就答應了。

當你到達時，大夥已聚在客廳裡喝啤酒，討論彼此的工作經驗，你加入後分享了一些自己的故事。專案的客戶聯絡人也獲邀與會，還說了一段他部門主管的八卦。大家啤酒一罐接一罐，你開始對晚餐感到納悶，怎麼聞不到烹煮食物的香味，也看不出有人在廚房裡忙進忙出的。最後，你的準老闆終於招認，她根本沒空準備晚餐，便提議大夥一起到附近超市採購食材：「我想，我們應該有能力一起煮一頓義大利麵晚餐吧。」

團隊效應開始出現

於是，你們就上路了。在超市裡，你們自成一群，漫步於每一排貨架，卻無人領軍作主。除了晚餐之外，你的老闆似乎對一切都充滿興趣，她與眾人聊天、談笑，還講了一段跟國稅局有關的故事。儘管沒什麼方向，購物車還是陸續放進了東西，有人準備好做沙拉的材料，也有人談論要做蛤醬，既然沒人反對，兩位新夥伴就開始討論細節，你決定做你拿手的大蒜麵包，還有人拿起一瓶基安帝葡萄酒，最後，大家都一致同意推車裡的東西夠了。

回到主人的家，你們合力把購物袋搬下車，老闆又開了一罐啤酒，聊起一個新軟體工具，隨後重點逐漸轉移到廚房，有些準備工作已經展開，老闆沒下達什麼指示，但有人表示需要切洋蔥時，她便挽起袖子幫忙。你開始用平底鍋爆香橄欖油和大蒜，醬汁剛滾，義大利麵也下了。終於可以一起吃晚餐了，大夥都吃得很飽，還高興地一起善後。

發生了什麼事？

截至目前為止，儘管還沒有任何人為新專案貢獻任何心力，但你們已為團隊締造了第一項成就。成功將會帶來新的成功，生產力共鳴將會孕育出更多生產力共鳴。透過你們第一次的合作經驗，凝結一支有意義的團隊的機會便增加了。

從這個過程看來，義大利麵晚餐似乎是管理者刻意設計的，但也可能不是，而且你若在場，可能也不會這麼想。如果問這位管理者

對那天晚上有何看法，她或許會誠懇地回答：「不過就是一頓晚餐。」天生的管理者潛意識裡就知道怎麼做對團隊最好，這樣的知覺可能會主導整個專案進展過程中的所有決定。藉由小規模而簡單的成功事件塑造整體經驗，你必須加倍觀察，才能發現經理人介入其中的痕跡，因為這一切看似自然發生。

多年來，我們聽過各式各樣的義大利麵晚餐，以及不同經理人的故事。這些故事的共通點，就是好的管理者經常會提供團隊共創成功的輕鬆機會，這些機會也許是小型的試驗性的子專案、產品示範、模擬，或能讓團隊迅速習慣共同締造成功的任何事情。最好的成功，就是看不出任何管理痕跡的成功，而在其中的團隊就有如相親相愛的哥兒們；最好的主管，就是能不斷用這種方式管理，卻讓團隊成員感覺不出「有被管理」的主管。這些經理人被同儕視為幸運者，他們看起來諸事順遂，所帶領的團隊充滿幹勁，計畫總能迅速完成，大家自始至終都充滿熱忱。看上去，這些經理人幹得輕輕鬆鬆，輕鬆到根本沒人相信他們有在管理。

27

敞開心胸

培育凝結團隊是很倚賴運氣的事，沒有人可以持續成功，也沒有人可以保證凝結一定發生，特別是培育出最能幹的團隊。有時組合不對，有時小組成員天生就是獨行俠，根本不想成為團隊的一份子。

羅伯・宋賽特（Robert Thomsett）在其著作《人與專案管理》（*People and Project Management*）中，分析了某些有礙團隊形成的症狀，讀來饒富趣味，但這些症狀可被矯正的並不多。唯一的解決之道，就是剔除有礙團隊凝結的成員，理論上，這個辦法或許簡單，但在特定情況下卻顯得愚蠢，這位欲除之而後快的傢伙可能在其他方面超級厲害。沒有凝結團隊，還是有許多事情必須進行（而且成功）。

說了這麼多，我們都知道以下這個鐵的事實：某些經理人擅長協助團隊凝結，成功機會也比較大。本章，我們要探討這些團隊導向經理人的一個特質。

打電話報告康復了

你可能聽過員工打電話來說生病了，你自己也可能打過幾次請病假的電話，不過，你可曾想過打電話說你康復了？

就像這樣：你打電話找到老闆，然後說：「聽好，打從在這裡工作起，我就一直在生病，但今天我康復了，而且我不會再來了。」
　　　　　——《藍調女牛仔》（*Even Cowgirls Get the Blues*）❶

當某人說，為那家公司工作你一定得「生病」（sick），指的並不是身體的疾病，他們的意思是，在這種地方工作必須枉顧某些心理上的生存法則，這些法則係為了保障個人的心理健康，而其中最重要的就是自尊。一個傷害個人自尊的工作環境，其本身就是一種「病」。

而打電話報告康復的人，準備要做的是可以強化自尊的工作。被指派去做這樣的工作，相當於被認可有能力勝任某些領域的工作，同時也被賦予了自主性和責任。一旦認可了，該員工的管理者就會審慎地予以尊重，他們知道員工的失敗會連累老闆，但這只是一場遊戲中的失策，他們已準備好接受部屬造成的偶一挫敗。當挫敗發生時，他們會懷疑倘若這份工作由自己來做，而非指示別人去做，或許就不會失敗了，但那又怎樣？既然你已盡最大努力為該職位找到最適任的人，一旦此人坐上那個位置，你就不該再心存疑慮。

這種敞開心胸的態度跟防禦性管理完全相反——它把人放在該被信任的位置，不採取任何自我防禦措施，完全信任底下所有的人。一

---

❶ T. Robbins, *Even Cowgirls Get the Blues* (New York, Bantam Books, 1977), p. 280.

位不被你認為有能力自治的員工，對你來說毫無用處。

> 我曾在傑瑞・韋納（Jerry Wiener）底下做事，當時他在達特茅斯
> （Dartmouth）的奇異公司帶領一支分時（time sharing）專案開發
> 團隊，後來他自創了一家小型高科技公司。在我們共事的那段期
> 間，奇異公司正準備簽署一項史無前例的合約，有一天，所有
> 員工被召集一堂，公司的律師把合約遞給傑瑞，請他先看一遍，
> 並在最後一頁簽名。「合約我就不看了，」傑瑞說著就準備簽下
> 去。「噢，等等，」律師說，「讓我再看一遍。」
>
> ——狄馬克

　　從這個故事所得到的教訓，並不是簽約前不必先看約（雖然你花錢請律師顧好自身的權益，不看合約也沒什麼大不了），而是如果你請的律師不對，那麻煩就大了。善於把工作做好的管理者不見得懂得評估合約，讀合約可能只是出於自負，傑瑞既然已費過心，請到他所能請到最好的律師，他當然已經參考過這位仁兄的其他案例。這不該是自我防禦的時候，這個時候正該讓大家明白，老闆是假定、也相信他選擇的人有能力勝任。

　　當了解老闆把他自己的聲望交到部屬手中，那真是令人興奮，又有點恐懼，這將使得大家全力以赴，也使得團隊具備了賴以形成的意義，他們不但要把工作做好，還得回報老闆對他們的知遇之恩。正是這種敞開心胸的管理，給予了團隊形成的最佳機會。

遠走他方的招數

　　老闆防止遭受部屬牽連最常見的手法，就是直接對個人進行監督。他們在工作區域四處晃蕩，尋找打混偷懶或能力不足的人，他們是帕金森巡警，隨時警告部屬他準備踢人。當然，沒有人（無論是管理者或員工）會這樣想，因為這早已深植於企業文化，許多管理者無法想像不這麼做的話該怎麼辦。

　　最近有一次諮詢服務是協助加州一家公司建構一套客戶資訊系統，規格已完成，我們準備開始進行細部設計。老闆召集大家，發給每人一張地圖，圖上標示了遠赴位於長堤（Long Beach）一間辦公室的路線，他解釋，那裡有一間空的會議室，我們在那裡工作不會受到打擾，他則留在這裡，除了非常重要的電話之外，他會擋掉所有的瑣事，還告訴我們「工作做完了再回來」。兩個多禮拜之後，我們帶著最棒的設計返回，而這段期間，他從未打電話或親自到那裡過。

　　　　　　　　　　　　　　　　　　　　　　　　——李斯特

　　假如你底下的人都不算差，想要大幅改善他們成功表現的機會，除了偶爾放手任其自由發揮之外，其他所能做的並不多。遇到任何可輕易切割出來的獨立工作就是最好的機會，這種工作根本不需要管理，把人送走，找一個偏遠的辦公室、租一間會議室、借用某人的避暑山莊，或把他們送進旅館，善用滑雪聖地或海灘的淡季優惠。叫他們去開會，讓他們在那裡待上幾天，好一起安靜工作。（以上招數我們都聽過至少一個案例。）

這種膽大妄為的做法，將使你遭到自己的管理階層或同儕的非議，這些人會問，你怎麼知道底下的人不會整天游手好閒？你怎麼確定他們不會十一點就跑去吃飯，或喝酒喝掉一整個下午？答案很簡單，看他們帶回什麼樣的東西就知道了。透過部屬的成果，你就知道他們在搞什麼，假如帶回來的是一個精心設計的完善成品，他們就是在認真工作，否則就是在打混摸魚。對開發人員來說，目視監督（visual supervision）是一個笑話，只有囚犯才需要目視監督。

遠離辦公室的好處很多，最主要的，是讓你最有價值的資源不致因分心和干擾而浪費掉大部分的時間。有一天，你或許會打造出具有生產力的辦公環境，一個至少在上班時間內，能真正做點事的工作場所，但這件事你可以從長計議，短期而言，先想辦法用各種理由讓你的人離開吧，除了使他們更有效率之外，這段期間因完全享有自治，使他們更有機會凝結成一支幹勁十足的團隊。

雖有規定，但我們要打破規定

工程專業有一種出了名、其他領域都沒有的開發模式：臭鼬工廠專案（skunkworks project）。臭鼬工廠就是一項藏於某處、在管理高層不知情的情況下所進行的專案，因為基層員工對產品的正確性深信不疑，所以拒絕接受管理階層放棄該專案的決定。迪吉多公司最成功的產品之一PDP-11，就是這樣才上市的。這種專案總有一段故事可說，有趣的是，臭鼬工廠的同義詞就是抗命，管理階層說不，專案卻照樣進行。

[譯註]

臭鼬工廠（Skunkworks）是漫畫家 Al Capp 的連環漫畫《*Li'l Abner*》中，專門私釀一種怪酒的祕密工廠。

　　由於判斷毫無市場可言，我們有位客戶曾想要取消一項產品，但有個頭腦冷靜的人取得了主導權，把產品做出來，而且大獲成功。未能如願中止這項專案的經理人（如今已是全公司的總裁），特地為該團隊訂製了一面印有「最佳年度抗命獎」的獎牌，他在頒獎時還說了一段話，聲明其他人若想得到這個獎，最好結果是成功，抗命加上失敗是不會有什麼獎的。

　　某些敏感的抗命行為能否被接受，其實任何階層的員工都很清楚，他們會尋找敞開心胸的經理人，並矢志讓這些經理人顏面有光，即使該經理人有時也會做出不當決定。至於防禦性的經理人想要顏面有光，就得靠自己了。

有嘴唇的雞

　　1970 年代中期，系統與組織專業顧問賴瑞・康斯坦汀（Larry Constantine）為許多公司提供諮詢，協助它們建立健康的社會學。康斯坦汀所提出的建議之一，就是允許最低層員工有權選擇所屬的團隊。欲落實此一概念，公司可將新專案張貼在中央布告欄，員工則自組候選團隊「競標」這些專案。倘若你很希望跟某些人共事，可把眾人的履歷集中起來一塊投標，得標與否要看你們有多適合這份差事、

團隊成員彼此能力互補的程度，以及你們成軍後對公司原有的其他工作的影響程度。公司會把每一件差事都指派給最適當的團隊。

這麼做將使員工得到兩項難得的自由：他們可選擇想做的專案，也可選擇一起共事的人。結果很令人驚訝，可選擇想做的專案並不那麼重要，起初管理階層擔心只有少數搶眼的專案才會受到青睞。但事實並非如此，即使最無聊的案子也都有人搶著做，看來，員工比較在乎跟誰在一起。

第16章〈雇用雜耍小丑〉中提到的求職試鏡也有類似的效果，參與試鏡的專案成員不只是聽眾而已，他們也有權決定求職者能否錄取。除了技術能力的判定之外，他們也會觀察候選人能否融入團隊：「我想，這傢伙應該可以跟我們合作，」或「他看來夠格，但跟我們就是不搭。」

前幾年，我們都隸屬一支非常團結的工作小組，該小組一開始就有許多共同特點，特別是有類似的幽默感。我們甚至發展出一套共同的幽默理論，該理論主張某些事本來就很好笑，例如，雞很好笑，但馬就不好笑，嘴唇超好笑，手肘與膝蓋很好笑，但肩膀就只是肩膀。一天，我們為團隊的空缺舉辦了一場試鏡，當求職者講完離開後，其中一位同事評論道：「我想，此人在學識上並沒有太大的問題，不過，你們認為他會了解有嘴唇的雞很好笑嗎？」這位候選人最後並未錄取。

這裡誰說了算？

最好的老闆願意嘗試，好歹試部屬一試，這並不是說好的經理人

不管事，不下達指令與自行判斷，這些他們一直都在做，此處要建議的是，他們應該透過自然權威（natural authority）來做這些事。師傅與學徒之間就是靠自然權威來維繫——師傅知道該怎麼做，學徒不知道。臣服於自然權威不會貶抑任何人，不會讓人失去工作動機，也不會使工作夥伴之間的緊密交流成為不可能。基於缺乏安全感而要求部屬服從，則與自然權威完全相反，其說法是：「搞清楚，我可是不同身分的人，是經理人，屬於思考的類型，底下的人是為了執行我下的決定才被雇用的。」

　　在最優秀的組織裡，自然權威隨處可見，經理人以擅長某些事情著稱，也許是制定大方向、協商、招募，而且在這些事情上深獲眾人信任。每一位員工也以某些領域的專業而聞名，而且被公認為該領域的自然權威。處在這種敞開心胸的氣氛之中，團隊便擁有最佳的凝結機會。

28
團隊形成的化學作用

在促成團隊緊密結合方面，有些組織因持續的好運而出了名，當然，這並不是好運，而是化學作用（chemistry）。這些組織是能力、信任、相互尊重，以及良好人際關係的最佳組合，為培育凝結團隊提供了肥沃的土壤。這些因素不但有利於團隊形成，事實上，每一件事都運作得更好，這些組織就是如此的健康。

與其用我們經驗裡的例子來解釋化學作用，還不如請你回顧一下自己的經驗，你曾經任職於一個健康成長的組織嗎？那裡的人總是怡然自得，享受美好時光，跟同事也相處愉快，那裡沒有防禦心態，也沒有不顧眾人努力、只顧追求個人成功的情況，工作是共同合作的成果，每個人都對這份成果的品質感到自豪。（現在，你腦子裡應該至少會浮現出一絲健康成長的印象吧，如果沒有，就是該打電話報告康復的時候了，帶著你的履歷表離開吧。）

在這些最健康的公司裡，經理人的作用何在？表面上看來，你或許會認為他們根本沒多大用處，他們似乎並不忙碌，也不用下達一堆指示，無論和經手的工作有何關係，他們顯然都不會去做任何工作。

在擁有最佳化學作用的組織裡，經理人都把心力放在營造並維持

健康的化學作用，在健康下成長的各部門處室也一樣，因為那裡的主管都會這麼做，他們的方法自成一個體系，很難去細分並進行個別的分析（單一零件不怎麼樣，但組成一個整體後，顯然重要性就大多了），但還是值得一試。

以下是一份略嫌簡化的列表，每一項都是為健康組織促成化學作用的策略：

- 營造追求品質的狂熱。
- 提供許多令人滿意的完結（closure）。
- 建立菁英感。
- 允許並鼓勵差異性。
- 保留並保護成功的團隊。
- 提供策略性而非戰術性的指示。

其實不止這些，我們只列出對團隊形成特別有效的項目，以下便逐一在各小節中提出我們的看法。

追求品質的狂熱

把一個不完美的產品判定成「夠好了」，不啻為凝結團隊敲響了喪鐘，你從次級品中得不到共同的滿足感，以致再也沒有任何動力來維繫你的大軍。採取相反的態度，「對我們來說，只有完美才算數」，方能給團隊一個真正的機會。追求品質的狂熱乃是促使團隊形成最強的催化劑。

這份狂熱之所以能使團隊緊密結合，是因為它使團隊成員與眾不

同。別忘了，這世界上其他人統統不在乎品質，哦，其他人也談到了一個很好的策略，不過，只要發現為了品質還要多花一毛錢，你馬上就會看到這些人現出原形。

有天，我們的朋友，骨幹科技公司（Cadre Technologies, Inc.）的創辦人之一盧‧馬朱奇利（Lou Mazzucchelli）打算買一台碎紙機，他請來一位業務員展示商品，情況慘不忍睹，那台機器又大又吵（還沒開始碎紙就很吵）。我們的朋友提到一款他聽過的德製碎紙機，這位業務員面露不屑的表情回答，那種機器比別人貴到將近一半，卻沒有任何特殊設計，還說：「你多花的錢，不過是換來較好的品質。」

你的市場、產品消費者、客戶，以及管理高層，從不要求高品質，短期而言，品質特別好並不合算。當團隊成員發展出追求品質的狂熱，他們往往會交出比市場要求更好的東西，這無妨，只要不受短期經濟因素的影響就好。長期而言，通常都值回票價，員工會追求高品質，而且拼了命也要維護它。

狂熱的品質崇拜就像「貝殼裡的砂礫」一般，那是團隊緊密包覆的焦點。

我在跟她結婚時跟她說我愛她

說來有些新鮮，人類朝正確的方向邁進時，經常需要不斷地一再保證（reassurance），由人類組成的團隊也是如此，這種一再保證的需要來自於心理學家所稱的完結。完結就是令人滿足、象徵一步步就定位的「匡噹」聲響。

組織也有完結的需要，對組織來說，完結就是成功完成被指派的

工作，也許再加上沿途不時確認一切均未偏離目標（可能是達成一個里程碑，或完成了一項重要的產品片段）。各家公司需要多少確認，取決於究竟投入了多少資金。就公司的需求而言，有時只要四年能有一個完結就夠了。

這裡的問題是，跟為了該目標而努力的人相比，組織並不太需要完結。做了四年卻盼不到任何令人心滿意足的「匡噹」，團隊成員不免心想，「等到這東西完工我早死了。」特別是當團隊逐漸凝聚結合之際，經常性的完結便相當重要。團隊成員需要習慣並樂於共享成功，這是團隊創造動能的機制之一。

善於營造化學作用的經理人，會花很多工夫在切分工作，並確保每一個工作片段在完成時，都能呈現出某種具體表徵。即使兩個版本就足以應付管理高層和使用者，但這一類經理人還是會設法把產品拆成二十個版本來交付，其中某些臨時版本也許不能讓客戶看到，建立這些版本純粹是為了內部確認與滿足之用。每一個新版本都是一次完結機會，快要完結時，團隊成員就會熱血沸騰，接近終點時，他們便加速衝刺。成功令團隊成員興致高昂，充滿邁向下一階段的動力，並讓大家彼此更為親密。

菁英團隊

1970年代初期，我們某家客戶公司的副總裁，對所有部門員工發了一份差旅支出備忘錄，你或許也接過類似主題的備忘錄，但這份備忘錄的內容卻大不相同，它大致上是這麼說的：「我開始注意到，你們有些人出差都搭經濟艙，我們不是一家經濟艙等級的公司，我們是

頭等艙等級的。自即日起，出差搭飛機一律搭頭等艙。」當然，這份備忘錄很花錢，而且是一大筆錢，唯一能讓這筆錢合算的，就是提升了菁英感，至少有一家公司認為這筆交易划得來。你說，真實世界裡還會有這種公司嗎？有的，全錄公司（Xerox）就是。

　　認為爆米花「不專業」的人，想必也認為團隊菁英感簡直是造反。其中一個普遍的認知就是，當團隊表現過於突出，便表示經理人怠忽職守。團隊是否嚴格遵守一致的公司標準，幾乎可說是經理人對團隊控制程度的象徵，然而，從被管理者的角度來看，這根本是死亡的象徵。經理人控制越嚴厲，團隊血脈便流失越多。

　　人需要與眾不同的感覺，才能得到自身的平靜，得到自身的平靜，凝結的過程才會開始。管理上若扼殺與眾不同，就會變得到處與眾不同，員工會在管理階層無法控制之處，展現其與眾不同，例如，當員工表現出桀傲不遜、非常被動、或不願合作，就表示你可能管太多了。當然，他們幾乎都會透過比較簡單、比較不會傷害團隊效率的方式，來表達自己的與眾不同。

　　一支團隊具有與眾不同的品質意識、與眾不同的生產力，或對緊迫的最後期限具有與眾不同的處理能力，有何不妥？沒有，你也許會這麼想，不過，即使這些與眾不同的形式能被普遍接受，卻依然令許多經理人大為頭疼，抱怨團隊管不動、驕傲自大。團隊菁英感真正造成的威脅並不在於好不好管理，而在於象徵管理力量的轡頭長鞭，團隊可能拼命追求成功，但經理人卻擔心被當成軟腳蝦。

　　假如你能影響部屬，使之更具生產力、更目標導向，但也更難控制，你會怎麼做？這個問題的答案反映出你是偉大的經理人，還是平庸的經理人。平庸的經理人太缺乏安全感，以致無法放棄轡頭長鞭，

但偉大的經理人則明白,無法以任何有意義的方式控制他人。成功管理的本質就是讓所有人都朝相同的方向邁進,然後想辦法讓他們充滿鬥志,甚至達到連經理人都阻止不了他們前進的地步。

　　一支凝結團隊的確可以讓人更具生產力、更目標導向,而當它凝結之時,你的確也要放棄某些控制,或至少是營造出放棄的假象。團隊開始在某方面感到非常傑出時,連帶所有成員都共享了這份菁英感,至於獨一無二之處,則不見得是在什麼意義重大的地方。例如,曾經有一支冠軍足球隊的防守小組,他們唯一的特色就是所有組員都「沒有名字」,這就夠了,他們以此為榮,並以此緊密結合。無論突顯菁英的特色為何,它構成了團隊認同的基礎,而認同是凝結團隊的基本成分。

　　這裡有一項很重要的準則,就是團隊必須在某些意識上與眾不同,而非處處與眾不同,這方面有很多遵守組織外在穿著標準的團隊案例。軍方特種部隊與大部分運動團隊的穿著都類似,但只要允許他們在某些意識上感覺與眾不同,他們就能接受在其他方面跟大家一致。

　　對菁英團隊感到威脅的經理人,總愛說他們的菁英感將對團隊以外的人造成不良影響。假如某個工作小組的成員開始認定自己是勝利者,其他人不就自動變成失敗者了嗎?極為成功的團隊確實會令其他團隊感到畏怯,但主要並不是菁英團隊的成功所造成的。倘若這是你唯一的問題,你也應該去設定你自己的規則。

不要解散洋基隊

假如已經造就出一支緊密結合的團隊，就不要拆散它，至少給這些人選擇一起接手另一個專案的機會。他們也許會選擇分道揚鑣，但應該讓他們擁有選擇的餘地。當團隊共同留下轉戰另一個專案時，他們會以無比的活力迎接新的挑戰。

團隊行為的網絡模式

管理者通常不算是他旗下團隊的一份子，這或許讓身為管理者的你很不是滋味，團隊是由地位與功能對等的同儕所組成的，管理者多半在團隊之外，偶爾從上給予指導，並清除行政或程序上的障礙。根據定義，管理者不是同儕，所以不算同儕小組的一員。

對自己的領導頗為自豪的管理者聽到以上說法，真是倍感挫折，管理者不就是要仰賴其領導能力，如同四分衛的角色，藉由精湛的戰術選擇與千鈞一髮的時機掌握，鼓舞團隊走向勝利嗎？聽起來不錯，但需要這麼多領導能力的團隊，其團隊功能也不會太好。在最佳的團隊裡，偶爾由不同的人擔任領導角色，大家在專精的領域裡各司其責，沒有永遠的領導人，否則，這個人就不再是同儕，團隊互動也將就此瓦解。

團隊是一種網絡結構，而非階層結構，即使領導（一個風靡於我們業界的字眼）的概念非常受到尊崇，它在團隊裡就是沒有太多發揮的餘地。

從中式菜單上點菜

談到團隊，就不免拿運動團隊跟我們業界裡的團隊類比，團隊一詞總令人聯想到一群年輕、健康、流汗競逐的足球隊員或曲棍球員，談論團隊很難不這麼聯想，但運動的類比卻背負了若干不幸的包袱。

一般在週末電視螢幕上奮勇爭先的隊伍，都是由許多相似的個體所組成的：以籃球隊為例，也許都很高、年輕、力壯，而且性別相同。他們之所以相似，是因為這些相似性是他們奮鬥的本質所必須，至於開發專案的團隊，則不需要這麼多相似性，但由於我們對團隊的整個概念深受運動團隊的影響，我們經常期待團隊成員具有高度的相似性，或許不知不覺就會有這種想法。

其實一點點差異性，就可能對建立凝結團隊有很大的幫助。讓一位身心殘障開發人員加入一支新成立的工作小組，團隊將意外地緊密結合，加入一位實習生，或已受過再訓練的前任祕書，也會有相同的效果。無論團隊差異的元素是什麼，都會對團隊成員產生象徵上的重要性，這明顯傳達出，不跟大家一樣也無妨，不像是公司規定的制式塑膠人也沒關係。

在過分講究相似的例子裡，最悲慘的就是純男性的團隊。無庸置疑，就團隊成員的功能而言，女性當然不輸男性，任何男性只要在男女混合的團隊中待過，都無法想像要如何待在純男性的環境裡工作，我們的上一輩真沒福氣。

總結

　　你不可能每一次都成功，但是當團隊凝聚起來的時候，所有代價都是值得的，工作充滿樂趣，員工充滿幹勁，他們越過一個個期限和里程碑，追尋更多挑戰。他們喜歡這樣的自己，對團隊，以及對孕育這支團隊的環境，他們都忠心不貳。

第五部
肥沃的土壤

　　專案和團隊都是處於上層組織所賦予的背景之下，這個背景，我們稱之為文化。有些文化能促進健全的工作，有些卻讓這一切變得遙不可及。雖然組織層級的因素可能不是你所能掌控的，但還是很值得思考，最起碼，有必要弄清楚上層加諸在你身上的是什麼，倘若幸運，有朝一日你站上適當的職位，就可以在你負責的專案中進行改造，讓文化更有利於工作的進展。

29
自我修復的系統

⸺名怒氣沖天的員工衝進人事部門遞出辭呈。隔天一早,他和他的老闆很難為情地又跑進去,解釋這全是一場愚蠢的誤會,可以拿回他的辭呈嗎?承辦人員面有難色,望著已完成一半的離職程序。不管這份程序是誰設計的,顯然原設計者不允許有任何反悔餘地。但這其實簡單到任誰都可以想出回復原狀的步驟:我們來想想,直接把整份檔案丟進垃圾桶,假裝沒這回事,把結清薪資的支票作廢,然後趕在大老闆看到之前,盡快拿走已送到他桌上的保險註銷表……

於是,一個系統就此自我修復完畢。有些東西在原始設計中並沒有考慮到,有些東西事後才知有其必要,創造系統的人總是匆匆忙忙,這是經常發生的事。

決定論與非決定論的系統

一個之前採純人工運作的系統,一旦被自動化之後,它就變成決定論的(deterministic)了。新系統只能按建造者明確規畫的部分做出

233

回應，所以自我修復（self-healing）的特性就喪失了，任何因應措施都必須在一開始就提出來，倘若系統需要修復，就只能在它運作的體制之外進行，維護人員把系統拆開、重組，將新規畫的一或多項因應措施加進去。

　　從某個觀點來看，摒棄雜亂無章又無法控制的自我修復能力，乃是自動化頗為正面的好處。一開始就把系統規畫得「很圓滿」，日後運行的過程中便毋需修補。但是大家都知道，這可能要付出高昂的代價。從事自動化的人要花很多時間去考慮所有不太可能發生或罕見的情況，這在舊系統時代，除非它真的發生，否則都不必為這些情況傷腦筋。假如新系統的運作要視情況應變的成分居多，那麼自動化便是一個錯誤，決定論在此不會帶來任何好處，這個系統會一直不斷地需要維護。

　　非決定論的（non-deterministic）系統經常可以輕易、優雅地自我修復（有時一毛錢也不用花），原因就在於配合系統運作的人對根本的目標相當清楚，當突然有新狀況出現時，他們馬上就知道該怎麼做才合理。未來，或許可以把系統的目標教給電腦，而不是只教它為達目標所應採取的行動，但這目前還做不到。重點就是，當轉變成決定論的系統之後，將喪失自我修復的能力。

　　你所任職或管理的組織，在某種認知下也可以看成一個系統，一個為某種目標而存在、由彼此相互交流的人與程序所組成的混合體，如何把這樣的系統轉變成決定論的系統，是最近很流行的話題，因此，我們得談一談方法論（Methodology）。

方法論隱含的意義

最令大部分組織發狂的一件事，就是組織再怎麼好，頂多好到跟編制人員一樣。假如能突破自然限制，做到即使員工平庸或無能，而組織依然優異，豈不更好？這簡單──我們只要有（請奏樂）方法論就行了。

方法論就是一套通用性的系統理論，用來指導如何從事某一類腦力密集的工作，通常是一本厚重的手冊，其中明確而詳細地規定在任何時機所該採取的步驟，無關乎執行的是什麼人、在哪裡或何時。撰寫方法論的是聰明人，執行方法論的則可以是呆瓜，呆瓜不必用腦袋做事，只要像快樂的小夢奇津人一樣，從第一頁開始，順著黃磚路走，就可以從頭到尾把工作順利完成。做決定的是方法論，人不做任何決定，組織完全變成決定論的了。

［譯註］
夢奇津（Munchkins）是童話故事《綠野仙蹤》（*The Wizard of Oz*）的地名，當地居民心地善良、頭腦簡單。黃磚路（Yellow Brick Road）是通往翡翠城的道路，很好辨認，桃樂絲只要順著黃色磚塊走，就不會迷路。

一如其他系統，一旦到了決定論的地步，由人組成的團隊也一樣會喪失自我修復的特性，可能的結果就是員工朝著一個完全不合理的方向前進，明顯的症狀就是他們不再有好的表現。多年前，當我們對某個失敗的專案進行事後檢討時，曾經請每一位專案成員記錄下自己

對於專案的觀察，他們可以在家裡的私人場所進行，我們則保證能看到這些紀錄的只有我們兩人。其中一位專案成員是這麼說的：

> 「到了三月，我們已經做了將近兩個月〔意指高層授意的某項技術〕。我不知道這對我們有什麼好處，但喬治一直向我們保證沒問題。他說，我們應該相信方法論，事情最後一定會圓滿成功。」

事情最後當然沒有圓滿成功。專案成員對自己的案子最熟悉，假如高層所給的方向對他們來說沒有意義，那就一點意義也沒有。

方法論跟方法最大的不同，在於方法是完成一項工作所應採取的基本步驟，方法不存在於厚厚的手冊裡，而是在工作執行者的腦中，這樣的方法包含兩個部分：（專為手邊進行的工作）量身打造的計畫，以及為有效執行該計畫所需要的許多技能。幾乎沒有人會對方法有異議：沒有方法，工作連起頭都難。但方法論卻大不相同。

方法論意圖將思想集中化，❶ 任何有意義的決定都是由方法論的制定者所決定，而不是由被指派做該工作的人。方法論的信徒都有一長串記載方法論好處的清單，包括標準化、整齊劃一的文件、管理上的控制，以及新式科技，這些構成了方法論的光明面。至於黑暗面則較簡單，也較殘酷：因為專案成員沒有能力思考，所以需要方法論。

---

❶ 在軟體開發的領域，*方法論*突然變成一個不受歡迎的字眼，大家都開始改說*流程*（process）。（假如你知道這兩者之間的差別，請告訴我們）

方法論的瘋狂

當然，如果你的部屬笨到想不出完成工作的辦法，工作就註定會失敗，任何一種方法論也幫不上忙。更糟的是，即使相當能幹的員工，方法論也會嚴重傷害他們的努力成果，這是因為試圖規定工作必須符合一定的模式，於是造成：

● 文書工作的泛濫，

● 方法的不足，

● 責任感的缺乏，以及

● 士氣全面低落。

以下分別探討這些影響。

文書工作：方法論本身份量就多，而且還會越來越多（為滿足每一個新狀況而有增加「特色」的必要），一部方法論就占掉一呎多寬的書架，這一點也不足為奇。更糟的是，它鼓勵人們製作文件的程度甚於工作，這種對文件的痴狂，似乎源自於以下這種偏執的防禦性思考：「上一個案子製造了一噸重的文件，情況還是很糟，所以這個案子應該要製造兩噸。」我們國家的科技領域已經被這種文件越多、越能解決問題的觀念愚弄了十多年，現在該是提出反對與不同意見的時候了：

大量的文件只會製造問題，而非解決問題。

方法：絕大部分方法論的中心理念，就是標準化的方法。假如有

一千種不同、但都一樣好的辦法，選擇其一並做為標準，或許還算合理，但在技術開發初期，並不會有太多方法可供比較，一旦出現更好的選擇，大家肯定都會知道，並且專精，標準化將會排除其他可能性。重點在於，知識如此珍貴，我們必須審慎運用。

責任：假如按方法論做下去，出了錯，就是方法論的錯，不是人的錯。（畢竟，一切都是方法論做的決定。）在這種環境下工作，幾乎不用負什麼責任。人都希望承擔責任，但必須在多少能掌握自身成功的情況下，他們才願意。

士氣：把決策交給方法論，所傳達的訊息相當明顯——管理階層認為員工無能。打擊士氣莫過於此。

惡意的盲從

最令方法論的制定者受不了的，就是大家都不甩他們，這在許多組織裡都可以看得到，但更令人洩氣的則是相反的情況：大家都很在乎方法論，而且一五一十按照規定來做，就算明知結果是浪費時間、沒用的產品、無意義的文件，也照做不誤，此乃我們的夥伴肯·歐爾（Ken Orr）所說的「惡意的盲從」（malicious compliance）。只要方法論說，操作手冊分為十八個部分，開發人員就會照辦，也不管產品其實是嵌入於引擎或人造衛星之內，根本沒有操作人員介入的必要；只要方法論說，每一個資料元素都必須填寫資料庫存放表格，開發人員也會照辦，就算系統根本沒有資料庫也一樣。

在澳洲，勞工的罷工時間向來與工作時間相當，當地有一種很有趣的罷工形式叫做按規定辦理（work to rule）。不是不工作，而是端

出一大本程序手冊，宣稱：「除非答應我們的要求，否則一切照規矩來。」例如，當航管人員照規矩來，每隔七分鐘就只能有一架飛機降落；當醫生照規矩來，開盲腸就得花上一個禮拜。方法論開啟了許多經濟層面上按規定辦理的可能性，員工也許會一五一十按照方法論來做，但工作卻被折騰到幾乎停擺。

嬰兒與洗澡水

[譯註]

有句格言叫做：別把嬰兒跟洗澡水一起倒掉（Don't throw out the baby with the bathwater）。當我們想把不要的東西丟掉時，可別把好東西也丟掉了。

大部分方法論所宣稱的好處，其實就是方法的歸一（convergence），不同的人做相同的工作時，都統一採用相同方法，並藉此獲得實質利益。維護人員可以更快了解新產品，開發人員加入新專案後可以迅速上手，評量標準可以適用於每一項工作，某些缺失更容易及時發現。統一方法是很好，但不一定要透過方法論來辦到這一點。

方法論試圖透過法規來達成歸一，這勢必造成反效果，有部分源自於執法者的高度施壓，有部分源自於思考型員工強烈的自主性，這也是任何新興領域都很普遍的牛仔心態。欲達成歸一，較佳的方式如下：

訓練：員工會用自己知道的辦法來做事，假如你傳授一套共通性的核心方法，他們就會傾向於使用這些方法。

工具：在建立模型、設計、實作、測試方面提供一些自動化的輔助工具，將比你所能施行的任何法規更有助於方法的歸一。

同儕審查：有實行同儕審查（peer review）機制（品管圈、排演、檢閱、科技展）的組織，本身就傾向於採用一致的方法。

唯有先經過這些柔性引導方式，才有可能考慮發布一套標準，也唯有已經落實成為標準的東西，你才真的可以宣稱它是標準。這正是杜邦公司標準化的理論基礎，例如，在我們擔任該公司顧問的那幾年間，他們的標準手冊對標準的定義就是「經過驗證、用於執行一項重複性工作的方法」，該手冊接著解釋，經過驗證乃是「在杜邦公司內部獲得普遍且成功的證實」。這些說法看似基本常識，卻違反業界的一般認知，業界都慣於蒐羅新方案，並在公司內部試行之前就逕行將之訂為標準。

再談高科技幻覺

在工作場所中對方法論的痴狂，其實是高科技幻覺的另一個例子，這是源自於「科技就是一切」的信念。就算最完美的方法論，亦即為每一種活動都事先精確描述好正確的方法，對科技的進展也可能沒有多大幫助，畢竟，人就算缺少指導方針，也不會每一項決定都做錯。無論方法論可能帶來何種科技利益，都是嚴重破壞團隊的社會性

功能才換來的。

　　與方法論相反的做法，就是所有新工作都以先導專案（pilot project）的方式來進行。只要是執行這份工作有一定的標準辦法，這個辦法就是唯一禁用的辦法。標準至少要先納入非標準的辦法中執行過才行。（例如，這一點在富士通公司〔Fujitsu〕某些部門似乎是一項非正式的規定。）

　　1932年春，一群效率專家在霍桑西方電力公司進行一連串測試，以了解多種環境變數對生產力的影響。他們試著增加照明度，於是發現生產力因而提高，然後又試著降低照明度，結果生產力竟然變得更高，不禁令人懷疑，要是把所有的燈都關掉，生產力可能會衝破屋頂。會有這種現象，看起來與其說是因為改變本身，倒不如說是因為實施改變的行為。人們對差異會感到著迷，喜歡專注，對新奇的事物很感興趣，這就叫做霍桑效應（Hawthorne Effect），大致上指的就是人在嘗試新事物時會有更好的表現。

　　當你仔細研究有關改善生產力的文獻後，可能會相信生產力的改善都是拜霍桑效應所賜。可以肯定，一篇吹噓X在生產力上具有神奇效果的文章，都是在X首度引進之際。你大概不會聽到有什麼研究做了十年的「改善」分析，然後看看有沒有效。多少帶點憤世嫉俗的心態吧，我們認同大多數的生產力提升都歸功於霍桑效應。

　　為了讓霍桑效應為你所用，你必須將非標準化的做法納入規則，任何標準皆應簡短與溫和。所有加諸於部屬身上的標準，描述的篇幅都不宜超過十頁（這絕非妄想，許多揚棄由方法論主導一切的公司，最終的標準就只有十頁）。還有，即使準則已相當寬鬆，你也應該容許例外發生。如此一來，你所擁有的開發環境將非常契合毛澤東所說

的名言：

百花齊放，百家爭鳴。

毛澤東當然不是認真的，但我們是。

30
與風險共舞

在我們的書《與熊共舞：軟體專案的風險管理》（*Waltzing With Bears: Managing Risk on Software Projects*）當中，提到了兩種極端不同的行為：一端是冒險，卻不做風險管理；另一端是過分保守，使得任何雄心壯志都變得不可能。目前，我們看到有越來越多組織，在管理上同時犯了這兩個極端的錯誤：所承擔的風險，都是毫無意義的一類，而另一類象徵創新價值的風險，卻避而不碰。

本書立論的前提——我們所面臨的，在本質上，主要都是社會性的問題，而非技術性的問題——用在風險的領域上最貼切不過了。風險管理的技巧已經廣為人知，要是無法做好，原因很可能是跟組織的政治和文化有關。

面對風險，別只是逃避

首先值得一提的是，專案有風險是好事，因為這通常是有價值的特徵。風險很小或沒風險，卻真的還有價值的專案，早就被別人做光了，到今天還剩下的，都是有風險的專案。

243

　　想像一下，你承接了一個專案：邦諾書店（Barnes & Noble）僱用你來為它的電子書閱讀器Nook建置一套軟體。你面對的挑戰是：你的頭號競爭對手亞馬遜（Amazon）已幾乎搶占整個市場；你起步太晚；你的裝置跟別人相比，沒有特別的優勢（在相同技術背景下）；你根本還沒開始跟出版商談電子版權；你可能永遠跟不上亞馬遜可供應的電子書數量。你怎麼辦呢？

　　實際上，當時在那個位子上的人們，是在冒一個巨大的風險。他們決定提供一種競爭者還沒想到的東西：電子書借閱系統。但想想落實這一切所要做的事：不只要和出版商協商，還得跟圖書館、作者合作；要建立並實作出網路借閱通訊協定；要為讀者開發軟體，當借期一到，得把書設為逾期；還需要一套版稅系統，用來把版稅支付給作者。風險，風險，又是風險，就算承擔了這些風險，航行在未知的水域上，還會有另一個風險，就是到頭來發現根本沒有市場，天曉得到底有多少潛在的借閱需求？

　　在此案例中，這些風險都已值回票價：Nook異軍突起，已在市場上佔有一席之地。

　　思考一下，你專案的風險列表看起來如何。可能有很多東西都搞錯方向，而管理這些東西卻佔掉了你工作的一大部分。我們敢打賭，假如你肯擬訂──很隨興地──一份所有風險的簡單列表，其中一定有重要但被你忽略的風險。

那個我們不想去管理的風險

　　我們不想管理的，通常就是會導致失敗下場的風險。假如你和你

所帶領的團隊，必須和遠在幾千英哩、十多個時區以外、連聽都沒聽過的城市裡的一家承包商打交道，當然，你會把承包商無法履約這一條，擺在風險列表的最前面。不過，如果是你自己的團隊完成不了自身所負責的目標，這種風險又當如何？你當然會擔心，或許午夜夢迴都會嚇出一身冷汗，之所以不把這部分放進風險列表，原因可能是它看起來像是失敗主義，引進了一個讓自己無法履約的風險。畢竟，找你來，就是要保證能夠履約，這是你的職責。

為了了解為什麼不管理這種風險是很危險的，你必須仔細思考風險管理的初衷：並非把風險變不見，而是當風險發生時，能夠啟動合理的紓緩（mitigation），而紓緩作為是必須規劃完善、預先備妥的。

惡名昭彰的丹佛國際機場（Denver International Airport, DIA）自動行李處理系統（Automated Baggage Handling System, ABHS）就是一個例子。當局做出了必須如期完工的重大決定，根本不把無法履約（延期交貨）視為風險，因為這種事根本就不允許發生，所以它不可以是風險。結果，此一風險因為管理上的命令而被輕易放過。

假如它有被管理，就勢必要預先規劃出一套人工或半自動化的備援方案，到時新系統做不出來，行李還是可以搬運。可惜它沒有做，結果一延宕，機場也被迫延後啟用，資金因為卡在功能不齊備的機場一年多而衍生的成本，最後高達數十億美元。

等風險成形，到了啟用日期還交不了貨，這時才開始做紓緩規劃也來不及了。從另一方面來看，倘若事先能備妥紓緩方案，靠著舊式、暫時性的人力和小貨車來搬運行李，機場就能啟用，就算軟體系統延宕，除了令人不太滿意之外，也不會有更多損失。若是能這樣的話，丹佛國際機場的自動行李處理系統也就不會眾人皆知了——除了

參與過該專案的人之外。

　　如果風險發生的機率非常低，不去管理就非常合理；但如果風險發生的結果「光用想的就很可怕」，還不去管理，就很沒道理。

為什麼無法履約的風險常常沒人去管理

　　當結果被界定為一項挑戰時，辦得到（can-do）的思維經常凌駕於風險管理。為了挑戰，人們挺身而出，大家都喜歡挑戰，也擅長證明自己具備克服困難的能力；唯一不想做的，就是花時間規劃並為自己的失敗預做準備。時間很寶貴，尤其當必須在時程緊迫下完成挑戰時，更是如此；時程越要緊，就越沒有時間做紓緩規劃，也越少人會做。

　　這還不算太糟。假如管理者和他的團隊不做風險管理，總要有其他人去做。在這種情況下，最棒的專案經理會說：「瞧，我們很樂意面對這項挑戰，交付日期頗令人擔心，但我們會盡全力達成。盡全力還達成不了的風險，我們沒空管理，但有更適合的人去管。針對延期交付的後果，除非已看到做好了專門的規劃，否則我們不能把這個案子視為挑戰，那比較像是一場愚蠢、不顧一切的賭博。」

　　把想要的結果塑造成一項挑戰，是許多中階管理者和長官們擅長的伎倆，挑戰經常被包裝成一個證明自己卓越的機會。不過，他們所嘗試的，有很多並非驅使團隊走向卓越，而是要團隊用低廉的代價完成專案。滿荒謬的，專案可帶來的收益越有限，以廉價完成的重要性就越高。這沒什麼好驚訝，以廉價完成來掩飾糟糕的收益，並不是什麼高明的激勵手段，於是，負責專案的長官們或許會這麼說：「這次

的任務非常重要，所以我們一定要在一月一日前完成。」其實真正的意思是：「這次的任務非常**不重要**，所以我們在一月一日之後將不再投入資金。」

這是一種假挑戰，但團隊和團隊領導者可能並不知道這一點，因此可能扛下緊迫的交期，並為此全力以赴。而趕工過程中，所有的風險管理都是做假的。

假挑戰通常都具備同樣的特徵：收益很小（這是因為組織過分保守，不願承擔任何真正技術風險的後果）、時程風險很大（卻往往未受到管理）。歡迎同時光臨這兩個極端。

31
會議、個人秀與會談

有些組織很愛開會，因此可能還得另闢他處來工作。他們連一點小事也要開會，至於會應該開到什麼程度，卻不清楚。另一個極端，是很怕開會，怕到連有「會」的字眼都不敢用。過與不及都不恰當，還是中庸之道比較好。

神經硬化症

隨著組織年歲的增加，開會時間也越拉越長，直到組織末期——再也沒時間做開會以外的事。至少看來就是如此。之所以會這樣，背後有一些原因，理由通常也很充分，但情況還是越形惡化，似乎依稀可以聽到遠處競爭者的歡呼聲。所有事務，隨著涉入部門的增加，開會人數也越來越多。此外，開會能增加曝光率，對有意往公司高處爬的人而言，開會可是重點，光聽是不會受到注意的，所以，只要是為了曝光而出席的人，話都似乎特別多。最糟糕的會議，感覺就像是聚集了一群空談者，沒人在聽，全部都在發言，或等著發言。由於發言的人太多，會議時間也就拉得更長，彷彿沒有盡頭。

　　當每個人都因時間被會議耗光而憤恨不已，許多管理者卻以不得已為由而縱容自己：因為這次組織要推動的事情「極度複雜」（monumental complexity），所以不得已。當然，把極度複雜的想法灌輸給大家，塑造出開會的正當性，對這種現象也就不太會有人提出異議（競相發表長篇大論）了。

「科技強化」會議

　　進入科技領域。對於糟糕的會議，上一代的人必須承受，沒有任何脫身之法，而我們這一代有筆記型電腦，可以上網，每當無聊的時候，就開機……噢！這還不夠聰明——最好每次會一開始大家就統統開機，這樣就不會睡著，也不會發生某人醒來時發現所有人都已離場的慘劇。

　　所以，時至今日，無聊的會議剛好可以用來處理信箱中成堆的電子郵件、瀏覽臉書、發簡訊給對面那個同樣被困在此地的可憐蟲，甚至做一點工作……

　　現在我們已注意到，日益進步的科技可以為你所用，相應的問題是：科技對會議有何幫助？能把會開得更好嗎？更有效能、更有效率嗎？說真的，沒錯，或許會議當中會有某位管理者提出：「你們有誰的筆記型電腦開著，請幫忙上網找幾張圖，讓大家看看我們正在談的〔至少是他正在談的〕市場板塊，今年度有多大，還有後續的趨勢如何。」這種機會是有，但並不常，開會者上網抓的資訊，真正和會議主題相關的，大概一千次遇不到一次。

　　問題在於：當今會議中所用的科技，顯然根本不是用來幫助會

議，只是用來幫大家從毫無意義的境地中脫離罷了。科技所強化的，是會議的糟糕程度。跟上一代相比，我們當今的會議更糟，因為上一代的人恐怕受不了開這種會——他們會很反感。

如今，我們認為理所當然的行為，在上一代，會讓你丟掉飯碗。

站立會議

有一個滿不錯的辦法是站著開會，一般都是在空無一物的場所（沒桌子、沒椅子），大家都站著。此一理論，是基於不讓開會的人太過舒適，也就不太會閒聊。聽來頗符合常理，但就我們的諷刺觀點，站著開會最大的好處，是讓人沒有地方擺筆記型電腦，大家也會靠得很近。不管原因是什麼，會議確實比較簡短，算是有加分。

假如會議缺乏目的和焦點，就算站著開，組織效能一樣不彰。那麼，會議的目的和焦點是什麼呢？這取決於是哪種會議。

會議須知

特地為了完成某件事而召開的會議，或許可稱之為工作會議（其他的，或許可視為非工作會議，這在下一節會有更多討論）。工作會議的召開，一般都是為了達成某個決議。誰該與會？很簡單，就是在做成決議之前，必須徵求其認可的人。為了確保大家不至於感到措手不及，工作會議一定要依會議目的備妥議程，會議進行時也要忠於議程，這樣，大家就不會去討論跟議程無關的東西，就不會有人甘冒缺席的風險，也沒必要帶著防衛的心態來開會。

　　工作會議有一項迷人的特徵，就是你會知道何時結束。決議一旦達成，就再無會面的必要；決議未達成，會議不算圓滿。

　　呼應前述對於工作會議的認定：假如你能斬釘截鐵地說出能終止會議的團體行動是什麼，就肯定是個工作會議；反之，就不是。

　　假如把這項測試用在你下次參與的會議，你幾乎可以斷定那不是工作會議。為什麼呢？因為團體的交流不會得到任何可讓會議結束的成果。結束會議的是鐘，十點了，所以會議結束。

儀式

　　靠鐘來結束的會議，相當於一種儀式，目的不在於決定什麼，純粹僅供參考（FYI）。僅供參考的會，通常都是這樣進行：老闆先簡單起個頭，宣達一番，然後是一連串老闆和各個部屬之間一對一的交談，任何時刻，都只有兩個人互動，其他人名義上都在聽，再次強調，是名義上，要是他們打開了筆記型電腦，心思可能就放在別的地方。

　　儀式，是一連串的會談，而會談是好事，不好的是會談過程中，把無關的人統統關在同一個房間裡。了解會議可以用會談來取代的人，也可以觀察到一對多的宣達部分，說不定也能安排在其他場合，這樣就可以把無關的人統統放回去做真正的工作。

　　在職場上，偶爾確實會有進行儀式的需要。這種會議的召開，可能是為了慶祝某些成就、展現某個方向的策略轉變，或進行結案檢討，這些正當的儀式大多都不是例行性的，這也是這些會議之所以正當的原因。該質疑的，是例行性的儀式，其中一個範例，就是每週

（或每日！）的現狀報告會議，把十到二十多個人關在會議室裡，輪流向老闆報告。

人太多

　　工作會議的出席人數要依有多少利害相關人員而定，人越少越好。至於儀式性質的會議，出席人數就一點也不必限制，負責人認為可以的，都可以邀來，人越多越熱鬧。因為會議召集人的重要性反映在開會人數的多寡上，於是，這就給人把會搞大的動機。

　　而「開放式組織」的空想，使情況更糟：

　　我的新客戶，從外表看來，是一個古靈精怪的技術新創公司，說不定將來會成為下一個蘋果。進到內部一看，完全不是那麼回事。在介紹我的一場會議當中，我發現每一位管理者都出席，當時還以為他們都是因我而來的，所以感到相當榮幸，但後續幾天的會都一樣：所有管理者都出席。而且在這些會議當中（無論名義上的議題是什麼），員工會在各個專案之間走動。沒有管理者敢缺席任何會議，因為怕底下的人被挖走。他們容許過度出席（over-attendance），並很自豪地解釋，他們是開放式組織。其實真正的解釋，是防衛性參與（defensive participation）。

　　　　　　　　　　　　　　　　　　　　　　　　——狄馬克

　　雖只是很基本的數學，但仍值得一提：會議的成本，跟與會人數成正比。我們有一位客戶是蘋果公司的管理者，每次會議一開始，她一定會特別讓至少一個人離席，並讓離席的人有機會做個簡短的評

論，使大家都明白，獲選離席並非比較沒用，而是有更重要的工作要做。一個人離席，可能省不了什麼，但離席所傳達的訊息，讓人印象深刻。

開放空間的社交

假如你參加過專業研討會，可能會得到一個跟大家一樣的結論：座談會和書面資料並不是很重要，真正有價值的經驗反而來自於節目空檔、每場演講前後待在公共場所的片段、中場休息時間、排隊用餐期間，以及和其他與會人員一起喝飲料和／或共進晚餐的時光。說到這裡，有些人很聰明，想出了「開放空間」（open-space）的構想。一個開放空間的研討會，基本上都是在喝咖啡、吃午餐。當然不光是這樣而已，但你知道，它沒什麼正式的座談，重點是社交網路、人際關係。

同樣的構想也可應用在會議規劃上，假如你是組織的新進人員，受邀參加一個開放空間會議，大概的過程就像這樣：一開始先接到通知，老闆發布週五早上九點召開員工大會，在開會當天，你八點到場，先倒了一杯咖啡，和另一位新人坐在一起，延續上次你們碰面時的話題，後來有人加入，彼此自我介紹，當她得知你被指派的工作，就把她的相關經驗告訴你。

現在，老闆進入會場，你停止話題，向他打招呼，他則為你介紹另一個專案的夥伴，那個專案所採用的硬體跟你負責的相同，於是，你們交換電子郵件信箱，並相約當天一起吃午餐。隨後，你無意間聽到別人正在談論一個你非常有興趣的話題，遂靠近他們，想進一步了

解，但又怕因為你這個陌生人加入，而干擾到他們，結果相反，他們
請你加入，並為你簡介一番，好讓你跟上他們剛剛討論的。

過九點了，還沒正式宣布開會，你到自助餐檯又倒了一杯咖啡，
留在那邊和一位支援小組的同事聊起來。九點二十分，老闆拍手請大
家注意，說：「很棒，謝謝大家參與，下週一見──記得同一時間、
地點。」就離開了。

這是你第一次的開放空間體驗，沒真正開到會，只有一個很大的
時間空檔。

治療開會上癮症的處方

你無法改變上層的世界，但可以改變你權責範圍內、你身旁、你
底下的人。這些改變，說來容易，做起來難，你的目標應該是免除大
部分的儀式性會議，把時間用在一對一的會談上，限制工作會議的參
與人數；而每一場會議，都想一想「終止會議的條件是什麼？」與其
規劃成儀式，不如鼓勵開放空間社交，讓大家有機會進行非結構性的
交流，最重要的，減少你自己想藉由儀式性會議來確認自身地位的個
人需要。

32
終極的管理罪惡是⋯⋯

終極的管理罪惡就是浪費人的時間，聽起來，這個罪惡好像很容
易避免，但其實沒那麼簡單，身為管理者，你也有自己的需
要，而這些需要可能剛好跟保留並明智運用下屬時間的念頭相牴觸。

例如

你召集部屬開會，自己卻姍姍來遲（你得接一通老闆打來的緊急
電話），把大家留在那裡枯等；或者，會議當中，你被人叫出去，就
為了跟客戶進行短暫而重要的會談，至於會議，則因你的離席而失去
了重點；或者，這場會議本身顯然就是在浪費所有人的時間（除了你
之外，這是許多儀式性會議的特徵）。

當你召集一群人開會，基本的前提就是為了取得某種共識，因而
有必要讓大家聚在會議室裡相互交流。這要是變成與會者輪流跟某位
關鍵人物交談，便喪失了大家齊聚一堂的用意，也許老闆個別跟每位
部屬私下交談就夠了，其他人沒有必要在場聆聽。

前面提到過，這可能是為了滿足老闆的需要才開的會，或許會耽

誤幾位部屬的時間，但有何不妥？為了能持續控管，老闆不就是該這麼做嗎？難道這不是管理並協調眾人行動一致的合理代價嗎？可以說是，也可以說不是。就了解現況的目的而言，召開會議並非絕對必要，還有很多比較不浪費時間的方式可用。之所以要開會，並不在於滿足老闆對資訊的需求，而是為了一再保證（reassurance），這項儀式提供了一再保證的機會，保證每個人都知道老闆就是老闆，既然是老闆開的會，大家就該出席，以示對統治階級的尊重。

現況報告會議是跟身分地位有關

召開真正的工作會議必須具備真正的動機，這才把人都找來，針對某個事情集思廣益，目的在於達成共識。根據此定義，這樣的會議是一件特別的事，所謂特別，意味著會議不太可能例行性地召開，所以，任何例行的會議多少都令人懷疑具有儀式的目的，而不是為了取得眾人的共識。每週召開一次的現況報告會議（status meeting）就是一個明顯的例子，它的目的看起來像是現況報告，然其真正的意圖卻是現況確認，而且此現況並非工作的現況，而是對老闆的身分地位（status）的確認。

倘若老闆對這一套特別饑渴，儀式性的現況報告會議就會變成永無止境的重擔。例如，我們就知道有一個組織天天都要開兩個小時的現況報告會議，即使不克出席，也要打電話進會議室，透過電話麥克風（speakerphone）全程與會，缺席就會被視為威脅，並遭受嚴厲懲罰。

早期的人力過剩

　　會議並不是浪費人們時間的唯一方式，專案一開始人手增加太快，通常也會造成時間的浪費。再一次，你可能認為這個罪惡也好像很容易避免：只要先搞清楚工作吸納人手的速度，再按照這個速度補人即可。此一說法的確十分合理，但在政治層面上卻行不通。

　　專案始於規畫和設計，初期的活動若能由一支規模略小的團隊負責執行是最好不過的了，倘若設計很重要（除非是簡單老套的專案，否則所有案子都是這樣），它便可能占掉專案所需時間的一半，如此一來，一個理想的人力規畫就像圖32.1。

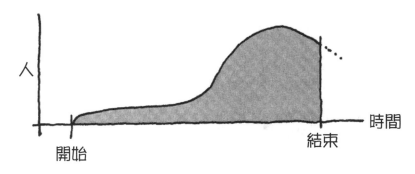

圖32.1　看似奇怪，但也許最理想

　　一個兩年份的專案，大隊人馬要在第六個月至一年後才進駐，那又怎樣？雖然這份人力規畫看起來有點不尋常，但若能符合實際需要，又有何妨？

　　問題出在專案有時間限制的時候——哪個專案沒有時間限制呢？例如，客戶和管理高層已經發布命令，只有一年的時間可用，這一來

便把原有的後半段人力給切掉了（如圖32.2）。

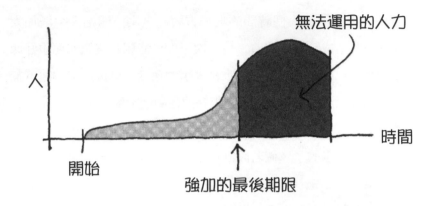

圖32.2　受到催促的專案（夭折的人力）

老闆天生傾向於把被砍掉的後半段人力挪到一開始，瞧，這便形成了一個令人熟悉的專案早期人力過剩模式（如圖32.3）。

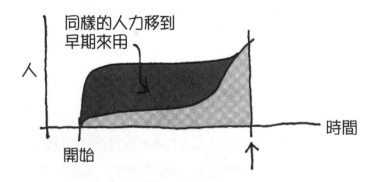

圖32.3　為了配合最後期限而導致早期人力過剩

當然，你要是知道早期增加人手也只是浪費，就不會這麼做了，

你會嗎？好，你可能還是這麼做了，你也許會想，在這麼緊迫的時程下，無論怎麼安排人力，都不太可能做得完，要是延期已不可避免，那麼最好現在就先想清楚，倘若接受管理高層在專案初期所提供的額外人力，會不會讓你好一點，或壞一點。就算事實終將證明早期的人力配置只是浪費，從政治情勢的觀點來看，與其前六個月只帶少數人，還不如一開始就把所有人都納進來，會讓你比較安全一點。早期的人力缺乏──失望的管理高層的確會這麼看──也許會使你看起來像小聯盟球員。

[譯註]

職棒大聯盟（Major League Baseball）是北美水準最高的職業棒球賽，每一個大聯盟球隊都有數個小聯盟球隊，小聯盟球員（Little Leaguer）都是些年輕、受傷，或暫時下放的大聯盟球員。

是因為政治理由而導致專案初期人力過剩的情況有多普遍呢？噢，也還好，在所有為早期人力過剩所苦的專案中，應該不會超過其中的九成吧。

儘管大家都高唱「小而巧」（lean and mean），政治的不安全感卻使得經理人不願意用比較精簡的人力來從事關鍵的分析與設計工作，這為開發組織盛行的文化下了悲哀的註解。

再談時間分割

當員工的時間被浪費在不必要的會議，或耗在早期的人力過剩之

中，他們都會知道，他們會充滿挫折感，也知道何以至此，倘若浪費到某一個程度，他們可能也會讓你知道，所以，這些問題雖然嚴重，至少不會被漠視。然而，還有一種浪費員工時間的方式可能就不太容易被察覺，於是也就無從改正，那就是我們在第23章〈團隊殺手〉所提過的時間分割。所謂時間分割，就是將知識工作者的時間分配給許多不同工作，迫使他必須擠進兩個或更多不同的工作團體，當然這之中沒有一個能凝結成真正的團隊。

被分割的時間無疑是團隊的殺手，但它還有另一個潛在的負面作用：保證會浪費個人時間。一位被賦予多重任務的員工——少量的新開發工作、一些舊產品的維護、一些銷售支援，也許再加上一點終端使用者的問題處理——每天都得花許多時間在任務切換上，這些時間大多是看不見的，這位員工暫時擱下設計工作以便接一通電話，跟對方講了二十分鐘，指導對方如何重新設定一個公司早期產品的資料庫，然後再回到設計工作。你要是拿著一個碼錶站在他旁邊，可能會覺得並沒有任何時間被浪費，其實，浪費是藏在他設計工作中緩慢地重新恢復思緒的部分，這也是打斷神馳狀態所造成的直接結果。

當兩份工作涉及性質完全相異的工作習慣時，時間分割的殺傷力就特別強，因此，把設計工作（需要大量心靈洗滌時間、一定程度的安靜，以及小組品質交流時間）跟電話支援工作（需要立即回應、持續待命、迅速切換焦點）混在一起時，其中偏思考密集的工作肯定難以進行下去，而持續浪費在嘗試恢復思考的時間卻會被認為是個人能力的問題。你可能從未聽過這類抱怨，因為飽受這個問題折磨的人極可能以為完全是自己的錯。

重視你的投資

這數十年來，我的顧問工作因故必須經常往返歐洲，我本來打算搭波士頓飛往倫敦的日間班機，因為這對時差一直持續的身體而言，這種班機的折磨會比較少。很不幸，從波士頓飛往歐洲各大城的幾乎都是夜間班機，我對此抱怨連連，直到一位航空公司的工作人員耐著性子告訴我，公司不願讓747這樣龐大的投資在停機坪上多待幾個小時，寧願把這段時間拿來往返東西岸之間的日間航線。畢竟，747代表一大筆錢。

——狄馬克

投資在員工身上的人力資本也代表一大筆錢，假如貴公司擁有上千名知識工作者，則投注在他們身上的資金很可能就相當於一架現代大型客機，浪費這一大筆投資的時間，就等於浪費錢。

33
電子郵件之惡

是啊，你的電子郵件信箱都塞爆了，真了不起，但塞的都是什麼？

想當年

在還沒有電子郵件的時代，人們要和遠方的人協調，得靠書信，一封信的成本，從口述、繕寫、打字、校正、再打字，到寄出，以當今的幣值來算，一百美元跑不掉，還要經過三到七天，才能把信送到對方手中。對方收到信後，同樣要花一百美元，再經過三到七天，才能完成回覆。如今，同樣的雙向協調，只要花百分之一的成本，和千分之一的時間，然而，我們有變得更好嗎？有比較省嗎？還是，省下的成本和時間都耗在更多協調上？

答案你知道，我們的協調量，十倍於以往。

我有一位加拿大客戶叫黛安，從她家到上班地點，單趟就要花兩個小時，我表示同情，但她說，這不算什麼，「在加拿大，鐵路

> 沿線有很棒的無線網路，我用黑莓機，可以在上班和回家的路上
> 處理電子郵件。」
>
> ——狄馬克

很好，一天花四個小時處理電子郵件，這還是假設她上班都不看電子郵件，但你知道這不可能。

我們已經很習慣處理成堆的電子郵件，並視為理所當然。現在該問一個關鍵問題：這樣好嗎？

家庭治療專家會告訴你，當一個人在某種關係上投入太多，就必定在其他關係上投入太少。當兄弟姊妹中有一個人主動清理餐桌、洗碗，大概就會看到其他人都溜去玩，這也發生在你的組織中嗎？要是你過度協調部屬，他們就比較不會自己協調，然而，自發協調（self-coordination）和同儕之間的相互協調（mutual-coordination），正是良好合作的正字標記。在觀賞籃球或曲棍球發動精彩的快攻之餘，請想像一下，假如每次傳球都要場邊的教練發出訊號才動作，這球要怎麼打？

好的教練知道自己不該去協調，該做的是幫助球員們學會自發協調，我們認為，知識工作者的管理者也該這麼做。假如你認同這一點，大部分用來協調的電子郵件其實是問題本身，而非解決方案。

公司內的垃圾郵件

在遭受十多年垃圾電子郵件的惡意攻擊之後，大部分組織現在都可以完美過濾掉無意義的東西，保證員工不會收到來自外界的垃圾郵

件，這要大力歸功於網路小組的英勇表現。但垃圾郵件的問題還是沒有完全解決，因為你信箱裡的垃圾郵件，有一大部分都是同事寄的，當然，你通常不會把這類訊息當成垃圾，雖然它們就是。任何訊息，在發送給某人同時，還把副本送給十幾個，甚至更多人，就很可能是垃圾郵件。所謂收件人，應該是指需要看信的人，但其他人呢？你之所以是收件人，是因為某些事需要你，還是，只不過你被列在僅供參考（FYI, for your information）的名單之內？

從一個很簡單的測試，就可以判定某些郵件是不是公司內的垃圾郵件，這是借用某些安全組織的思維。當安全成為關鍵，資訊的傳遞便建立在「必須知道」（need-to-know）的基礎上。請仔細檢查一下你今天的電子郵件，每一封都問問自己：「我必須知道這個嗎？」有多少能通過這項測試？那些不必知道的，耗光了你和其他人的時間。這也難怪，為什麼我們當中有這麼多人總是感到奇怪，一整天下來都做不了什麼事。

「僅供參考」的意涵

你盡忠職守讀完的電子郵件，卻通不過「必須知道」的測試，顯然這就是屬於僅供參考的資訊，但假如你不必知道，這類資訊有何價值？

當某人把你加到副本名單時，腦袋在想什麼呢？有很多種可能，但大部分都令人不敢恭維：

- 「不多寄給一些人，誰知道我有在做事呢？」

- 「我不敢不寄，因為，要是有什麼事發生，就會有人怪我沒告訴他。」
- 「在一個開放式組織裡，大家都有知的權利。」
- 「我要讓大家看看，我的文筆有多好。」

這些統統是*組織功能失調*的症狀。假如有人傳送電子郵件時，不敢不把副本寄給你，就可能是*個人功能失調*的症狀。你發給別人的郵件，是否隱含了什麼意思，造成別人什麼事都要發郵件給你？

是開放式組織，還是人民公社？

「開放式組織」的說法感覺有點濫情，主張人都會以自己的工作為榮，並樂於被別人看到。我們都想和這種人一起工作，但容我們理性地說：當有人允許你拿到（pull）有關他在做什麼的資訊，那很好，但要是他把資訊塞給（push）你，就不太好了。如果他每件事都想塞給你，也不太好。我們的看法是：

生命短暫，倘若每件事你都必須知道每件事才能做，那你什麼事也做不了。

廢除被動認可

無窮無盡的電子郵件，使大家疲於奔命，組織也深陷其中，其中一個原因，源自於工作上的一個不成文規則，亦即：

沉默代表認可。

當有人寄給你一封電子郵件，表示想做一些奇怪的事，而你並未反對，那麼根據上述規則，你相當於表達了認可。假如你發現每天都要花好幾個小時閱讀跟你無關的事物，原因可能就是你怕自己被當成默認，因為副本列表中有你。

為了使自己和大家得以脫離苦海，你必須廢除默認規則。我們並不清楚貴公司的狀況，所以無法告訴你該怎麼做，但這是值得做的。確實廢除默認規則——改為明確認可才算認可——將使貴公司許多人免於浪費許多時間。

建構一個無垃圾郵件、自發協調的組織

或許，你改變不了整個公司，但你可以對同事、部屬們的工作模式，做出重要的改變，就從表明不歡迎公司內垃圾郵件開始。我有一位客戶甚至設置了一個電子郵件過濾器——配合柔性勸導——用來擋掉地址在副本列表，或有一堆收件人的電子郵件。他位居公司階層頂端，所以不必擔心這樣會得罪高層，然而，對底下的人來說，此番訓示是顯而易見的，大家不僅不再對他發送公司內垃圾郵件，連彼此之間也不再送。

對於你所收到的電子郵件，除了進行「必須知道」的測試，也要對你想發出去的電子郵件做同樣的測試。只要一有念頭要對同事或部屬發送電子郵件，就先動動腦筋，怎樣引導他們自發協調。可別以為這很容易，告訴別人怎麼做是很容易，培養別人自發協調的能力就難

多了，但長期而言是值得的。假如你會苦苦思索怎樣讓這一切成真，
記得這就是你賺大錢的原因。

34
讓改變發生

人們痛恨改變……

那是因為人們痛恨改變……

我希望各位真的了解我的意思。

人們真的痛恨改變，

他們真的、真的痛恨改變。

　　　　　——史蒂夫・麥克梅納明（Steve McMenamin）

　　　　　大西洋系統協會主持人之一

　　以上這段話摘錄自本協會 1996 年倫敦研討會中，史蒂夫向一群 IT 管理者發表的演說，這群管理者可能真的不了解他的意思，起初，他們一派輕鬆地反駁：「嘿，我們開發出改變人們工作與處置方式的系統，所有辛苦的嘗試都是為了確保改變會更好，我們也解釋為什麼新的方法會更好，有時甚至還用上精確的幾何邏輯。為了更好，有理性的人怎麼會排斥改變呢？」面對這些反對聲浪，史蒂夫回應：「你們搞錯我的意思了，抱歉，但人們真的、真的痛恨改變，這就是問題所在：人們不只是排斥某個特定的改變，他們排斥所有的改變，那是

因為人們痛恨改變。」史蒂夫的話令人不知所措,漸漸地,消息便傳開來,大家都把危機處理顧問找來。

我們必須談論改變,因為這是我們的職責,除了身為系統開發人員之外,我們也是改變的仲介。每當我們交出一個新系統,便是在強迫人們改變工作方式,甚至徹底重新定義他們的工作內容。我們要求人們改變,而當我們這麼做的時候,我們的公司則要求我們改變,新興科技與開發週期的壓力迫使我們改變建造產品的方式。

現在,另一位知名的系統諮詢顧問要說幾句話

> 應該考慮到,再沒有比帶頭去頒布一項新體制更難掌握、更難以成功、更危險的事。頒布新體制的人將成為所有舊體制既得利益者的公敵,至於會從新體制中獲益的人,則不會積極地給予支持。
>
> ——尼可羅·馬基維利(1513年)
> 《君王論》❶

我們一般都把馬基維利視為憤世嫉俗的人,但馬基維利卻以現實主義者自居,他並不想當一個忠言逆耳的男子漢,只是赤裸裸地陳述他的觀察。《君王論》獻給了佛羅倫斯(Florence)城邦的新統治者麥迪奇家族的羅倫祖(Lorenzo de' Medici)。(麥迪奇家族建造了一條橫跨亞諾河的封閉高架走道,用以連接城堡和政府建築,減少遭人暗殺

---

❶ N. Machiavelli, *The Prince*, trans. H. C. Mansfield, Jr. (Chicago: University of Chicago Press, 1985), p. 23.

的機會，下回造訪佛羅倫斯，不妨參觀參觀，走道還在。）馬基維利
寫《君王論》的目的，是為了使年輕的君王熟悉現實，不管他喜歡或
不喜歡。

　　「頒布新體制的人將成為所有舊體制既得利益者的公敵，至於會
從新體制中獲益的人，則不會積極地給予支持。」請注意在面對改變
時正反不均衡的現象。當你冒著危險與精通舊方法的人為敵時──迫
使他們重回令人焦慮的新手狀態──卻不太可能得到即將從中獲益的
人的支持，怎麼會這樣呢？為什麼最有可能從改變中獲益的人卻依然
吝於支持呢？那是因為人們痛恨改變。當我們著手改變時，永遠無法
確定是否會成功，而此一不確定性要比潛在的利益還更令人顧忌。

　　全國軟體方法會議（National Software Methods Conference）每年
　　春天在佛羅里達舉行，我擔任過好幾年的年會主席。記得第一
　　年，我做了一下開幕致詞，然後發給所有與會者一份問卷，針對
　　他們慣用的軟體建構方法與工具，詢問各種相關的問題。其中一
　　個問題是：「有沒有哪一種被鄭重引進貴公司的方法或工具，在
　　日常的實務中遭遇失敗？」為了能在閉幕時公布調查結果，我收
　　回了問卷，打算為這些失敗的方法和工具列一張清單，不過，當
　　我做到一半時卻注意到一個簡單而明顯的事實：全部都失敗過，
　　至少在某個地方。諷刺的是，當我重回會場，拿著這份清單詢問
　　大家是否有人固定使用這些方法或工具時，卻發現每個方法和工
　　具都有人正面回應。每一個都很管用，每一個也都會失敗，這是
　　怎麼回事？

　　　　　　　　　　　　　　　　　　　　　　　　──李斯特

那真是個好主意，老闆，我立刻照辦

　　無論你打算在什麼時候發動改變，可以預期會有各式各樣的反應。曼寧吉基金會（Menninger Foundation）的前任董事傑瑞・強森（Jerry Johnson）曾經提出一套模式，把這些反應稱為「抗拒改變連續體」（Resistance-to-Change Continuum），就像圖34.1。

1. 盲目的忠誠者（不問問題）
2. 相信，但心存疑慮者
  a. 懷疑者（「證明給我看。」）
  b. 被動觀察者（「這對我有什麼好處？」）　　　阻力逐漸增強
  c. 反對（害怕改變）
  d. 反對（害怕失去權力）
3. 強硬反對（暗中阻止並破壞）

圖34.1　抗拒改變連續體

　　任何人面對改變時，都會落入上述連續體中的某一項。

　　請看著這個連續體，自問自答：誰是我的潛在敵人？誰有可能會支持我？顯然，強硬的反對者最危險，他們會不惜任何代價重回舊有狀態。你可能會認為盲目的忠誠者是好人，而其他人都只會抱怨嘮叨，所以，盲目忠誠者是你的盟友，其他都是敵人。

　　強森指出，這種觀點大錯特錯。例如，我們必須警覺到盲目忠誠者所構成的危險，他們也許毫無權力，卻擅長見風轉舵，西瓜偎大邊：「我們必須立刻停止安裝那個會計套裝程式，因為我們只要用無

咖啡因Java，就可以在公司內部網路系統上做得更好。等等，無咖啡因Java請暫停一下，我剛剛在《奈秒計算》網站上看到雙倍拿鐵Java applet的泡沫更多耶。」為了一窩蜂趕時髦，盲目忠誠者改絃易轍的速度跟當初給予支持的速度一樣快。

強森認為，對於任何改變，相信、但心存疑慮者才是唯一有意義的潛在盟友，至於兩個極端，盲目忠誠者和強硬反對者都是真正的敵人。改變能否成功，就看你如何管理相信、但心存疑慮者。附帶一提，別指望以邏輯推理做為說服眾人的王牌：這些騎牆派的假盟友，才不會因為理性的討論，聽你講完新方法會比舊方法更好的理由，就決定倒向你這一邊。當你決定要人們改變的時候，請不斷提醒自己：

咒語：對改變所做的基本回應並不是邏輯性的，而是情緒性的。

身為系統開發人員，我們選擇把自己放在冷靜、平穩、理性思考的世界，程式只有能編譯和不能編譯兩種結果，編譯器從不會為我們高興，也不會對我們發火。或許正因為如此，我們比較喜歡以邏輯做為主要的解決紛爭工具。

你也許會耐著性子跟孩子解釋：「我知道你想要一台腳踏車，但現在既不是你的生日，也不是耶誕節，更不是任何能期望得到禮物的節日，如果你存的零用錢夠多，你可以自己去買。」然後，你可能會很挫折地聽到非常不合邏輯的回答：「但我就是要腳踏車嘛！現在就要。」

當我們為了改變而進行邏輯上的爭論，其中一個戰略就是把新世界（好）和現狀（壞）拿來對照，不過，請想一想：當初是誰幫忙落實現狀的？是誰最擅長我們現行的工作方式？這些人會抗拒汰

除現有的模式嗎？絕對會。威廉‧布瑞吉斯（William Bridges）在《Managing Transitions》一書中建議，絕對不要貶損舊方法，相反地，應該讚美它，以利於走向改變發生的道路。例如：

> 「各位同仁，CGS近距離導航系統至此運轉了十四個年頭，我們估計，它已完美處理至少一百萬次飛機起降。該系統的硬體平台在技術上已被淘汰，目前可以運用一些新的遙測科技，現在，我們有機會重新設計並重建整個系統，需要借重大家多年來在CGS上的成功經驗，以協助我們完成這項艱鉅任務。」

很值得記住這一點，任何改善都伴隨著改變：

> 完全都不改變，就無法有所改善。

> ——湯姆‧狄馬克（1997年）

更好的改變模式

我們大多數人對改變的看法就像圖34.2。

圖34.2　改變發生過程的天真模式

這種（天真的）觀點認為，一個構想，一個簡化的「更好的做事

方式」，就能從舊狀態直接改變至新狀態，「我們本來用舊有方式做得好好的，但哈維突然靈機一動，我們就立刻全面採用新的高級做事方式」。說真的，事情沒有那麼簡單，絕對沒有。對照天真模式，請看看已故的家庭治療專家維琴尼亞·薩提爾（Virginia Satir）所提出的改變模式（change model），如圖34.3。

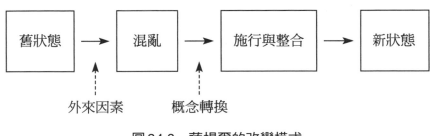

圖34.3　薩提爾的改變模式

　　改變至少包括圖34.3中的四個階段，不能再少；沒有經過中間那兩個階段，就不可能發生任何有意義的改變。

　　根據薩提爾的模式，改變的發生有賴引進外來因素：改變的催化劑。沒有催化劑，就不會得到改變必須發生的認同，外來因素可以是外在勢力，也可能是認知到你的世界已發生了變化。

　　外在勢力：有位評量顧問走進你的辦公室，宣布貴公司的表現落在業界所有公司的後四分之一。嗯！

　　或

　　你的世界已發生了變化：貴公司旗艦產品的季銷售量首度破紀錄大幅下滑。哇！

　　改變一經啟動，最先遇到的就是混亂。你一定也經歷過，就是當你用了新工具、新程序、新技術，卻發現比以往還糟的時候，有人會說：「要是把這些新玩意丟掉，或許能重拾秩序……」你飽受學習曲線的折磨，並認為問題就出在改變上，這項評斷或許沒有錯，至少在當時是對的，當時的你真的比以前還糟。這就是為什麼人對改變的反應是如此情緒化的原因，放棄專精已久的做法，再次變成初學者，真是令人洩氣與尷尬，沒有人喜歡掙扎的感覺，更何況你知道用老方法可以做得更好。很不幸，混亂是改變的必經之路，沒有捷徑。

　　概念轉換（transforming idea）是身處混亂中的人可以抓取、象徵苦難將盡的希望。結構化的會商有時候是最好的解藥：「我相信我們已經抓到企業級服務導向架構（E-SOA）認證的訣竅了，那麼，我們每天四點開個會，一起來討論類別定義，如何？」

　　施行與整合（practice & integration）階段始於學習曲線急速上升之際，你或許還沒有完全適應，似乎還不是很熟練新方法，但卻感受到新方法已開始獲利，或至少很有希望。

　　當你想改變的成為你做出來的，你就達到新狀態了。人類的情緒有一項很有趣的特質，就是混亂階段越痛苦，就會覺得新狀態的價值越大──只要你能抵達新狀態。

　　薩提爾模式之所以重要，在於它提醒了我們混亂是改變過程中不可或缺的。採用兩階段的天真模式，我們就不會預期會有混亂，而混亂時，便會誤以為那就是新狀態，既然新狀態那麼混亂，就會想說：「天啊，看來我們搞砸了，還是重回原狀好了。」任何具有企圖心的改變過程中，一定會伴隨清澈響亮的重回原狀呼聲，你要是預期會有這種呼聲，便大幅提升了能理性處理這種狀況的機會。

安全第一

改變不可能在缺乏安全感的情況下發生──只有在知道不會因提出改變或經歷改變而遭到貶抑或降級時，人才會有安全感。對大多數人而言，暫時失去專長已經夠難為情的了，還要為混亂之中的手忙腳亂而遭到莫名的責難，保證大家都會逃回舊狀態的安全傘之下。

人類天生對混亂狀態的恐懼感，也許有助於解釋小孩子比成年人更容易學習新事物。

> 觀察一下成人與孩童的第一次滑雪之旅，我們發現一個很明顯的
> 現象，成人並不太在意會不會受傷，倒是比較怕淪為眾人的笑
> 柄，但小孩子幾乎沒有這種想法，甚至會故意在雪地裡跌倒、翻
> 滾、丟雪球或吃雪。（成年人對雪的自然反應，就是把雪鏟開，
> 以免滑倒。）在滑雪坡道上，成年人不想跌在會被登山纜車上的
> 人看到的地方，伴隨而來的羞恥感足以令他們躲在木屋裡不肯出
> 來。相較之下，任何活潑健康的孩子只要跟教練上了一兩堂滑雪
> 課，就會得意地大喊：「你們看，我是皮卡波·史崔特！」
>
> ──李斯特與狄馬克，業餘的行為學家

[譯註]
皮卡波·史崔特（Picabo Street），美國第一位拿到世界盃高山滑雪金牌的選手。

你有多少次聽人說過，為了能在最後期限之前完成，一定要使用

某個新技術，要是誤了最後期限，就完蛋了。在這種情況下所進行的改變，結果如何實在令人懷疑。想學小孩子一樣心甘情願落入可能令人窘迫的局面，終究還是敵不過可能淪為笑柄的陰影。

　　矛盾的是，就算失敗──至少一點點失敗──也無妨，才會有改變成功的機會。

35
組織學習

有些組織懂得學習，有些則不然。有些可以在理論上學到東西，卻不曉得改變自己，結果學了也沒得到好處；有些肯學，但學會的步調卻抵不過忘掉的步調。眾所皆知，學習經不經得起考驗，之間的差異至關重要，學習是很重要的進步機制，不好好學習，就別奢望榮景能維持多久。

經驗與學習

有關組織學習必須知道的第一件事，就是學習並非單純的經驗累積。例如，在1930年代，法軍在防守東部邊境上已累積了數百年的經驗，但仍提出以馬其諾防線來防止德軍入侵的方法，這項決定加上1940年五月的事件，向世人證明了法國並沒有在裝甲部隊和機動性之間的平衡變化中學到任何關鍵教訓。

同樣地，高科技組織也可能以驚人的速度累積經驗，但這並不保證他們的學習上了軌道：

我的客戶中有一家歷史悠久的軟體開發公司，經過40多個年頭，始終保有一千名以上的軟體開發人員，所以該公司的管理者可以毫不誇張地吹噓，說他們擁有超過40,000人年的軟體開發經驗，我聽了深受感動：要是把這數十年的功力全部集中在任何一個新專案上，那該是什麼景象。所以我就問了他們其中一群人，當你派一位新經理人去執行一個新軟體專案時，會在他耳邊傳授什麼智慧箴言。他們先想了一會兒，回答時幾乎是異口同聲：「祝你好運。」

──李斯特

　　當組織自我改造，開始斟酌經驗所顯露出來的意涵，經驗方能轉化為學習。這種改造有兩種形式，而且彼此差異頗大，足以分開來談：

● 組織對員工灌輸新的技能與方法。

或

● 組織自我重新設計，改採某種不同的方式運作。

　　第一種形式，改變係增加人力資本（細節請參考第20章）的直接結果，假如受訓的員工離職，不但投資沒了，也白學了。第二種形式，改變係暫時存在於負責重新設計的人的腦袋裡，雖然最後終將成為組織骨幹知識的一部分，但在過渡時期也只能算是參與設計者的想法而已。遇到這種情況，在轉換期間失去這些關鍵人物，便會嚴重影響學習。

無論哪種形式，自我轉型的組織都必須面對以下不可避免的風險：

學習受限於組織是否有能力把人留住。

當離職率過高，學習便無法持續，或根本不可能發生。在這種組織中，想要改變技術，或引進經過重新設計的程序，都是徒勞無功的。說不定他們還會反其道而行，加速人員離職。

重新設計的範例

在組織學習方面，有一些非常引人注目的故事都跟供應鏈（supplier chain）的重新設計有關。這需要一位有信心的主事者，並樂於跳脫組織的框架來思考。以下範例是多年前在坎登電信會議上，由尼可拉斯・尼格羅龐帝（Nicholas Negroponte）首度提出的建議，不妨參考：

像亞馬遜（Amazon.com）這樣一家公司，為了將產品送到消費者手中，都會與企業夥伴建立完整（而且具有充分運用潛力）的連結。例如，以它目前的形式，可能會請聯邦快遞（Federal Express）先到任何一處倉庫取書，然後空運到曼斐斯（聯邦快遞的集散地），再轉運到離消費者最近的機場。現在，假設亞馬遜在聯邦快遞的曼斐斯機場隔壁設立一處倉庫，書籍的銷售仍由亞馬遜的西雅圖總部執行，但書單和送貨資訊可透過數位傳送至位於曼斐斯的倉庫，所有訂單都在那裡集結，則對亞馬遜的好處是：每張訂單都可減少一半的運送距離，還可跟聯邦快遞爭取

更優惠的折扣，進一步降低運送成本。❶

倘若組織肯做這種改變，就會一而再，再而三地重新設計，你可能還會覺得很驚奇，他們怎麼那麼靈活。

有關組織學習的關鍵問題

有關組織學習的關鍵問題，並非如何去做，而是在哪裡發生。就像多年前的亞馬遜一樣，當組織進行類似規模的改造時，應該要有一個人數不多、但很活躍的學習中心，來負責構想、設計，並引導變革。（這種展現企圖心的改變，不是靠某個委員會或整個組織一起就能創造出來的。）早期的變革活動——學習——應該會發生在組織圖的某處。會是哪裡呢？

可能有人想要說，那是發生在組織頂層。但根據我們的經驗，日常運作並非組織高層最關注的焦點，例如，大或中型公司的總裁可能大部分時間都在忙著併購（或免於被併購）。

有一位優雅的平等主義人士按鈴搶答：學習中心應該是在基層。但可別指望這會在真實世界裡發生，基層員工一向是最受組織框架壓抑的人，而且對重要的可行方案可能會有盲點，在任何情況下，他們鮮少有促成改變的力量。

既然主要的學習不是發生在頂層，也不是在基層，那就應該是在這兩者中間，也就是說，大部分組織最渾然天成的學習中心就是在最備受爭議的那一層，亦即中階管理層。這一塊區域與我們的觀察相當

---

❶ Remarks made at the Pop! Tech Conference in Camden, Maine, October, 1997.

吻合，成功的學習型組織通常具備的特徵就是堅強的中階管理層。

很值得指出，如果有裁員的話，最常被裁的就是中階管理層。換言之，每隔幾年就風行一陣子的「精實船」（tightening ship），通常都是以犧牲組織的學習做為代價，等事情過去之後，組織的學習中心也毀了。

[譯註]

精實船（tightening ship）語出船員的縮編，基層水手要負責實際航行的粗重工作，所以不能裁掉，而船長和高官們當然也不會裁掉自己，於是就先裁掉中階管理者，至少短期而言，這對航行的衝擊最小。

管理團隊

把中階管理層從組織圖中刪除掉，肯定不利於學習，但反過來說卻不一定對：保留中階管理層，不見得就能促進學習，這還需要另一個甚少獲得適當評估與培養的要件。為了塑造出一個生氣蓬勃的學習中心，中階管理者必須相互溝通，並學習和睦融洽地一起共事，這非常少見。

幾乎所有公司都有所謂的管理團隊，一般都是由中階管理層所組成。根據我們稍早的觀察，把一群人喚做團隊，並不保證它就會具備任何團隊的特徵，它可能還是一群沒有共同目標、共同價值或綜合技能的烏合之眾，而這通常就是所謂的管理團隊的寫照。

我們在第23章和第24章所提到的團隊殺手，一樣適用於管理者

所組成的「團隊」：小組成員受到防禦性管理、被官僚作風拖累、工作支離破碎、被實體隔離、被迫超時工作，以及被鼓勵彼此競爭。這些不利因素統統都會發生在他們身上，是故也就不太可能融合成一個有意義的整體。

更糟的是，他們缺乏促成任何團隊凝結所必須的要素：產品共同擁有的感覺。在這樣的團體中，任何成就似乎都是由某位成員締造出來的，而不是藉由整體。經理人之間的競爭越激烈，這種情況便越嚴重，我們甚至遇到過極端的例子：「有好東西，就占為己有；無法占有，就毀掉它。」

管理團隊通常是一個可悲的錯誤用詞，是對一支健全團隊所特有的行為與態度的一種嘲諷。團隊成員定期坐在一起開會，輪流向上級報告現況，但他們彼此之間卻沒什麼好談的。

空白區域的危險

組織無論規模大小，學習中心最有可能發生的位置，就是在中階管理者之間的空白區域（如圖35.1），假如這些空白區域變成了溝通的重要管道，由中階管理者共同擔負起組織重新設計的角色，並共享成果，則學習所帶來的利益方有可能落實。另一方面，假如空白區域缺乏溝通與共同目的，則學習就會趨於停滯，當中階管理者處在孤立、對立、恐懼的情境下，組織想要成功也難。

中階管理者處於孤立、對立、恐懼的情境——聽起來很熟悉，是嗎？很不幸，這正是當今大部分以知識為基礎的組織都有的情況，與其跟同儕通力合作，許多中階管理者聲稱更怕彼此，這就是我們的

同事蘇珊‧羅伯森（Suzanne Robertson）所說的「空白區域的危險」
（danger in the white space），這種毀滅性的緊張情勢乃是組織學習的
喪鐘。

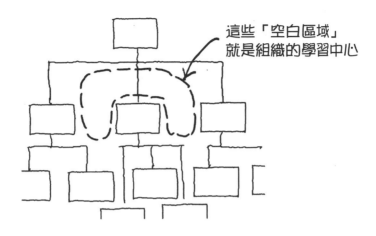

這些「空白區域」
就是組織的學習中心

圖35.1　學習發生在空白區域

36
打造社區

這一章，我們來談談偉大經理人所能做的事情中最棒的：打造社區。人類天生就對社區有根深柢固的需求：

> 我念書時，家裡差不多每年就搬一次家，我很少能在同一個城鎮裡念完一整個學年，幾乎每年都要換新朋友、熟人，以及老師。在我生命中少數恆常不變的事物中，包括一套當時通用於新英格蘭學校的基本教材，我上過的每一所學校都是用這些課本，課文中描述了一個家庭自1770年代便定居在一個叫溫徹斯特的小鎮，每年在課堂上都會讀到這一家人後代的情況，到了小學六年級，我們已跟著這家人從美國獨立戰爭來到二十世紀初期。儘管早已不記得這家人有哪些角色，我卻清楚記得溫徹斯特鎮，在這個小鎮中，每個人都彼此認識，一代代都居住在那裡，誰家的狗走丟或小孩出了麻煩，都會得到大家的關心，當發生災難時，你也會為你的鄰居分憂。要說我的根在哪裡，我想那就在溫徹斯特。

> ——狄馬克

　　倘若你內心深處對這樣的小鎮會有某種感觸，可能是因為你不住在這樣的地方。這世上許許多多可愛的溫徹斯特都在1920年代開始改變與消失，當今我們大部分人所居住的地方根本不算是真正的社區，人們對自己的鄰居不太認識，要通勤到別的地方工作，也沒人會期待孩子們會繼續待在同一個城鎮。特別是所謂的臥室社區，其實只有臥室，毫無社區可言。

> **［譯註］**
> 臥室社區（bedroom community）大多位於城市近郊，居民白天進城上班，晚上回家睡覺。

　　但我們對社區還是有強烈的需求，我們這個時代的麻煩在於目前大多數的城鎮已不再能滿足這個需求，反倒是在工作場所中才有找到社區的絕佳機會，假如還找得到的話……

企業政治的題外話

　　社區並不會自己出現在工作中，而是必須被創造出來。打造社區的人是我們職場生涯中的無名英雄。

　　打造社區、使社區健全並滿足每一個人的科學，就是政治學。我們先澄清一下，這裡所講的政治，並不是企業鬥爭裡的無恥勾當，那些是病態的政治。我們要探究的是亞里斯多德所提出的「高貴的科學，政治學」。

　　亞里斯多德認為，哲學是由五種相互關聯的高貴科學所組成，而

政治學是其中之一。這五種高貴科學是：

- 形而上學（Metaphysics）：研究存在、宇宙本質及其內容。
- 理則學（Logic）：我們對某件事情的領悟方式，我們根據認知而描繪出一套可接受的結論，以及某些合理的演繹與推論規則。
- 倫理學（Ethics）：我們對人類的了解，以及我們對人與人之間合宜的互動所進行的演繹與推論（透過理則學）。
- 政治學（Politics）：我們如何符合邏輯規則，將道德擴展至更大的團體，這是一門創造並管理團體的科學，使形而上的實體——人類以及由人類所組成的社區，成為符合道德行為與邏輯認知的團體。
- 美學（Aesthetics）：對形而上的現實的象徵與意象所具備的欣賞態度，只要是符合邏輯一致性，並賦予我們倫理互動和／或政治和諧，便會使人愉悅。

　　你也許很肯定自己並不想捲入那種低劣的辦公室政治，但亞里斯多德的政治學則完全是另外一回事，它是優秀管理的重要實踐。在亞里斯多德的觀念中，拒絕政治是一個災難，是放棄了經理人的真正責任。同樣地，各階層的資深員工也共同分擔了打造社區的責任，他們是社區的創始元老。

為什麼這很重要

　　公司若能成功打造出令人滿意的社區，比較容易留住人才。當組織裡的社區感夠強時，沒有人會想要離開，這樣便能留住對人力資本

所做的投資，而管理高層也會發現自己願意投資更多，當公司對員工做更多投資，員工就會表現得更好，對自己與公司也會有更好的感受，這讓他們更走不開。此處的正增強（positive reinforcement）所得到的都是好處。

當然，即使對工作上的社區擁有最好的感受，也不保證能永遠留住所有的人。某些人為了個人生涯更上層樓，或基於某種原因而必須離開，不過，當人們要離開這樣的組織時，他們會選定對社區影響最輕微的時候，這對任何從事專案的人來說，都是一大恩賜，因為這表示工作人員會做到專案結束才離開，光憑這一點，就比貴公司對往後十年所做的任何流程改善還要珍貴。

至此，我們只討論到有形的、可用金錢來衡量的利益，但其實還有無形的好處，而且是對身為經理人的你具有重大意義的好處。想像一下，把你的思緒推到遙遠的未來，在你即將蒙主寵召之際，躺在床上，年事已高，就說是一百零一歲好了，你並沒有什麼太大的苦惱，只是老了。如此高齡，回想過去的一切，審視自己，捫心自問，這一生真正重要的是什麼，而什麼不重要？過去這些年來你所心繫的許多事（例如，搞定那個超大的 WhizBang v6.1.1 第 27 個建構版本）在你臨死之前反而沒什麼份量，不，你更可能想到的是溫馨的家庭關係，孩子、孫子、故居，以及故居裡的一切回憶。至於在工作上的貢獻呢？嗯，當然，能夠生在資訊發達的年代是很好，你爬到公司頂層，或接近頂層，於是有機會制定方向，那很好。不過，可別忘了你在公司成功打造了一個社區，一個大家都很喜愛、尊重，並坦誠以對的社區，現在看來，那真是一大成就。當你思索這一生究竟做了什麼，這顯然占有重要地位，此時此刻，你得到的喜樂——如同米開朗基羅思

索自身貢獻時所感受的喜樂——不必跟金錢價格扯上多大的瓜葛。那是一種創作，是藝術，你告訴自己，讓這一切發生的人是一位藝術家。

施展魔法

好吧，所以社區很好，在工作場所打造社區是令人欽佩的目標，那該怎麼做呢？

我們不想妄自為這麼複雜的事情訂定公式，打造社區沒有公式，就像任何藝術工作一樣，想要成功，必須具備相當的天份、勇氣與創意，此外，還要投入大量的時間，這不是你一個人就能克竟全功的，最好的情況是由你充當催化劑，你的創意形式也不見得會跟別人一樣。

因此，與其提供公式，我們寧可提供範例。這個範例來自於我們一家客戶公司，自從有一位積極進取的經理人進到這家公司後，便從此改變了整個企業文化，這位天才催化劑說服公司把辦公室蓋在一所學校旁邊，這所學校包括托兒所和幼稚園，此外也有幼稚園到小五的課程。這間學校可供公司員工的子女就讀。

毫無疑問，你可以看出這個做法所帶來的經濟利益，這是公司在競爭激烈的市場上吸引程式設計師和工程師的獨特優勢。不過，請不妨走一趟這家公司，看看這所學校對社區產生的效果。每天下午你一定要在那裡駐足一會兒，老師會帶領著學生穿越公司，孩子們的隊伍充滿了喧鬧、歡樂、天真，他們會大聲吶喊，向每個人打招呼。你老遠就可以聽到他們的聲音，每當隊伍經過時，大夥兒都會停下手邊的

工作，相互擁抱，之後，每個人都會覺得很窩心。

　　想像自己就是想出這個點子的人，想像在一百零一歲的時候再憶起這段歷程。

第六部
在此工作應是樂事一樁

長久以來，我們打從心裡就認定工作是繁重的。如果有什麼事令你樂在其中，那就一定不是工作，要是你樂到某一個程度，那就可能是一種罪惡，你不該做太多，或根本不該做，當然也不該收取酬勞，你應該另外去找到感覺像工作的事情來做，然後，你就可以跟別人一樣，充滿無趣、疲勞、受折磨。

身為經理人，這樣的認知在無形中影響了你對待部屬的方式，使他們無法享受到工作的樂趣。在工作場所中，任何喜悅或歡樂，都是經理人沒有善盡職責的表現，員工一定還沒有被榨乾，否則他們怎麼會樂成這樣。

當然，沒有人會露骨地說不該樂在工作，但這種觀念始終存在，並在我們的潛意識裡根深柢固，使我們在工作中若因感到好玩而吃吃笑時，罪惡感便油然而生。當我們勉強接受服裝規定、爆玉米花禁令，以及皺著眉頭從自得其樂的人當中辨別出所謂的專業時，工作應該很辛苦的觀念就會浮現。

以下章節，我們要說的是相反的觀念：工作應該是快樂的。

37
混亂與秩序

人之所以受不了混亂，源自於某些人性本質，一旦面臨混亂，我們就會捲起袖子動起手來，讓一切回歸秩序，所以人造秩序隨處可見⋯⋯從居家、花園、髮型，到井然有序的棋盤式街道。不過，就算不再有混亂，我們也不會因此而更快樂，相反地，我們會因無聊而哭泣。現代社會中僅存的混亂彌足珍貴，我們必須小心呵護，以免遭到貪婪的少數人需索無度。

身為經理人的我們通常就是貪婪的少數人，總把混亂視為自己的地盤，把整頓混亂視為己任。敞開心胸的經理人則不同，他們樂於把小綑小綑的混亂留給別人，這種經理人的工作就是把混亂打散，分裝打包送出去，底下的人就可以享受到讓一切井井有條的真正樂趣。

進展是我們最大的問題

混亂持續在減少，這點在新科技領域裡特別明顯。以前因為受到新穎、缺乏秩序所吸引，而進入這些領域的人們，如今開始懷念從前一切都還沒大幅機械化的日子。過去三十年間，每一項重大進展都使

我們工作的瘋狂程度越來越少，當然，這些進展都很好，我們不會想要回到過去，但是……

我們都很渴望改善工作方法，使開發工作成為更有秩序的企業，這就是進展。沒錯，在這個過程中，會喪失某些瘋狂的樂趣，但某個人的樂趣可能是另一個人的痛苦（你把專案當遊戲，就可能讓老闆得胃潰瘍）。不管怎樣，朝更有秩序、更可被控制的方法前進是必然的趨勢，有創見的經理人也不想阻止這種趨勢，但還是覺得有必要採取一些行動，以彌補曾經令工作生氣勃勃、如今卻流失的混亂，於是導引出來的策略就是建設性地再造少量的混亂。

這個構想一旦赤裸裸地提出來，很容易就可以將執行這項策略的做法集結成一份列表：

- 先導專案（pilot project）
- 競賽
- 腦力激盪
- 緊張刺激的培訓經驗
- 訓練、旅遊、會議、慶祝，以及閉關

這份混亂再造的列表僅限於我們成功使用過的部分，你自己的列表可能更豐富。一場有關這方面的小型腦力激盪會議（稍後會再詳述腦力激盪），將製造出狂野與美好的可能性。

先導專案

先導專案就是把厚重的標準手冊放一旁，嘗試某些新穎而未經證

實的技術。由於剛開始對新技術並不熟悉，所以預料初步運用時會很沒效率，這是改變的代價，但這份代價將使你得到新技術帶來的生產力提升。此外，還有一個額外的好處，就是霍桑效應，亦即當部屬從事不同的新奇事物時，所爆發出來的活力與興致。

　　這兩個好處可以彌補學習曲線的損失嗎？我們可以武斷地說，一定可以。導入改變的本質至關重要，這跟專案時程、人員能力，以及人員對新技術的信賴程度一樣重要。根據我們對先導專案的經驗，只要是嘗試任何改變做法的專案，通常都能得到高於平均水準的淨生產力。換句話說，假如把專案當成採用某些新技術的先導專案，你可能會因此而花比較少的錢。

　　所有專案都應該是先導專案嗎？假如貴公司接納這個政策，則貴公司便是與富士通、南方公司某些部門、IBM 某些單位齊名的好公司。不管怎樣，把所有專案都當成先導專案來做，也遠比完全沒有先導專案來得有道理。

　　對任何嘗試新技術的擴大計畫，都可能面臨兩個反對聲浪：

● 會不會試到沒有東西可試？
● 下游活動（產品支援、消費者訓練等等）會不會因交付不一致的產品而變得更複雜？

　　第一點只有在理論上說得通，對嘗試新構想已奉行數十年的公司，鮮少或從來就不擔心沒有東西可試，他們可以從二十世紀末數十年被忽略的好點子開始嘗試，然後轉移到二十一世紀初，等到這些統統試完了，大概也過了十年，於是又有很多東西可試。

　　至於不一致的產品會影響下游的問題，你或許也承認，即使是最

標準化的商家都照樣有這種問題。當今標準化所達成的是眾產品之間的文件一致性，而無法達到有意義的功能一致性。換句話說，標準化所統一的，主要是跟產品相關的文書工作，而非產品本身；假如專案所衍生的文件與標準之間差異不大，所造成的不便應該也不多。

有關先導專案必須特別注意：不要在任何專案中，對一個以上的新技術進行試驗。管理者一直強調標準化的重要，但令人驚訝的是，他們卻經常在僅有的少數先導專案中放棄所有標準，嘗試新硬體、新軟體、新品管程序、矩陣式管理、新原型技術，全部都要在同一個案子裡嘗試。

一個先導專案的合理做法是，每次僅容許程序中的某一部分進行試驗。在最健全的環境裡，專案成員都會了解，在每個專案中，以某個單一新技術進行試驗是受到鼓勵的行為，然而在其他方面就得按照標準來。

競賽

推動編程競賽的那些年，我們發現，熱鬧、需要競爭、絕對不能輸的體驗有時是建設性混亂的快樂泉源。我們的競賽是專為軟體業量身設計的，但實際上，這一概念同樣適用於任何領域，無論哪一行，競賽都能讓人享受到嘗試親手解決一組符合自身問題的愉快經驗，而且還能根據眾人表現的統計結果，來跟自己的表現進行比較。（當然，想要擁有愉快的競賽經驗，必須確保第8章〈從早上九點到下午五點根本做不了任何事〉所提到的安全性與保密性，你得保證競賽結果不會用來對付異己。）

競賽可以幫你評量出你的相對優勢與劣勢，也可以幫組織觀察整體的優勢與劣勢。有鑑於此，我們有兩家客戶公司遂開始舉辦年度競賽，供員工們評量自身技能在過去一年間進步的程度。這種信心測試程序他們每年都自我要求做一次，就好像你說服自己每年做一次體檢一樣。

為了激發創意性的混亂，最有效的競賽形式就是請參賽者組隊參加，以下便是舉辦這類活動的公式，這也是我們試過而且成功（還得到許多娛樂效果）的公式：

1. 選擇一項小型開發專案或定義明確的工作當作實驗標的，最好是組織內實際進行、需要一到兩人合作的工作。選擇一個兼具新奇與挑戰性、又能廣泛運用員工基本工作技能的問題。

2. 透過發布具體的工作聲明，使這個案子具有正式性。

3. 宣布歷時24小時的專案錦標賽即將於下週末展開，為了確保大家都明瞭並非為了省錢才犧牲他們的週末，要說明在週末比賽是為了讓參賽團隊獨享整個辦公室，不是為了節省人力支出。鼓勵員工基於自願組成四人團隊參賽。

4. 事先分發工作聲明，以及比賽規則與宗旨。

5. 競賽當天，只有參賽者才能出席，供應他們所需的一切（餐點、機器、臥床、影印機、會議室，或其他東西）。讓所有隊伍在彼此短兵相接的情況下從事相同的工作。

6. 設立輔導員，以落實參賽規則，隨時準備處理重大狀況，並在到達每一個里程碑時發出噪音以示鼓勵。

7. 尋找讓所有人在某方面成為優勝的機會（最早完成獎、最佳產品獎、最聰明解決方案獎），為所有的獎項大肆歡呼。

8.　安裝優勝產品，甚至多項優勝產品，仔細持續追蹤產品的穩定性、瑕疵數量、使用者接受度、變革成本，以及任何影響專案成敗的變數，把有意義的資料回饋給參賽團隊。

當競賽成功圓滿閉幕，部屬告訴你，這是他們職場生涯中最刺激、最有趣的經驗，那你的目的就達到了。即使要多辦幾次才會有效果，也不要放棄。

有關專案錦標賽的經驗，有幾件事必須銘記在心：第一，這很花錢，除非你願意付出真正的報酬，否則別奢望部屬會當冤大頭在禮拜六來幫你做事，專案錦標賽的花費是以傳統方式進行相同專案的好幾倍。第二，多花一點時間具體而詳盡地把問題描述清楚，培養老練的輔導員，以及設定許多里程碑與檢查點。第三，花點功夫讓專案規模與比賽時間相當（如果所有團隊都做不完，或開賽一小時就全部結束，便毫無樂趣可言）。最後，把握機會好好吃一頓（我們舉辦錦標賽時，中午都喜歡跟紐約市一家餐館訂購可口的餐點，晚餐叫外賣，半夜兩點鐘再把整票人拉到中國城吃宵夜）。

不知何故，熬夜做專案特別有趣，人都喜歡找理由跟別人一起累，強忍睡意，讓同事看到自己頭髮塌了、沒刮鬍子、衣服發皺、脾氣暴躁、不假任何裝扮和掩飾的樣子，這一切都讓人覺得彼此更為親近與團結：

> 這次活動期間，我注意到〔其中一位參賽者〕裹著毯子窩在接待區裡假寐，我認識她多年，一直覺得她有點呆板，但從那一刻起，我對她有完全不同的觀感，我對所有人都有完全不同的觀感，我們共同經歷了這一切。
>
> ——某次賽後檢討

腦力激盪

　　腦力激盪是一種結構化的互動會議，特別鎖定在激發創意。最多六個人聚在一起專注於某一相關問題，透過會議規則，以及與會人員所使用的技巧，使會議成為一個愉快又混亂的經驗，而且往往真的很值得。

　　其實也沒有太多規則，既然打算把混亂引進思考過程，規則也就沒有什麼存在的餘地。身為輔導員的你，必須鼓動大家踴躍提出質不求精、但量盡可能多的點子，同時讓過程有點鬆散，甚至愚蠢。有時，一個蠢到在正式一點的會議就不敢提出來的構想，竟然是最後贏家。在腦力激盪過程中所提出來的構想並不做任何評斷，評斷是會後的事，也不鼓勵像「這主意真蠢」的負面意見，因為蠢主意通常會引出別人想到好主意。

　　身為輔導員，當大家點子發表得不甚踴躍的時候，可以嘗試用以下技巧來刺激與會人員的思考：

* 類比思考（自然界是如何解決這個問題，或某些類似的問題？）
* 倒轉（我們怎樣才能達成跟目標相反的目標？）
* 沉浸（你如何讓自己更深入了解這個問題？）

訓練、旅遊、會議、慶祝，以及閉關

　　每個人都喜歡找機會去辦公室外面走走，這或許為沉悶無趣的工作場所下了最沉重的註解。最受員工歡迎的，就是結合了與同事結伴

遠行以及創造獨特經驗的機會，也許是一起去上訓練課程，尤其是很刺激的那種，或到某處參加一場國際會議，假如那裡還是一個富有異國情調的地方，那就更棒了。你可以派兩個人從波士頓到倫敦開會，這跟去聖路易或丘拉維斯塔（Chula Vista）的費用差不多。

特別是當團隊成立時，爭取差旅費讓團隊成員遠走他方，更是具有商業頭腦的做法。要是某位客戶身處偏遠之地，就全額補助把大夥送去那兒參訪，若是時程緊迫需要密集思考，就把他們送進會議中心或旅館裡閉關，讓他們有機會一起搭機，一同吃飯，找出自己在新團隊中的角色。

蓬勃發展的外展學校（Outward Bound School）就是把企業團體帶到野外考驗勇氣，這些團隊必須想辦法通過緬甸的橋樑與急流，橫渡佩諾布斯克灣的惡水，攀登卡塔丁山，你昨天才在跟供應鏈管理奮戰，現在卻要靠雙手吊在半空中讓隊友幫你扣上繩索。當然，這並不便宜，學費、差旅費，再加上損失的工作天數，少說每人得花上幾千美元，大部分公司都不可能花這麼一大筆錢，但肯花的公司呢？全世界頭腦正常的人都不會把錢砸在野外體驗上頭，他們是不是有毛病啊？難道是想藉著超越極限來發掘優秀人才嗎？

為了換取遠走他方的經驗而花上千把塊錢，這對你所能動支但脫了序的預算來說，是否太奢侈了些？或許，你也可以只花一百美元，我們曾經認識一位非常有創意的經理人，他很喜歡突發奇想為部屬辦午餐會，有一回，他上街包下一個熱狗攤──整輛車、泡菜、黃芥末，外加一支藍橘相間的大陽傘──全部用電梯弄上三十層樓，招待部屬們吃了一頓熱狗大餐，這一餐飯是營養師的惡夢，卻是社會學家夢寐以求的典範，在場的人都興高采烈，邊吃，邊聊著工作、老闆、

彼此，隨著眾人的熱絡，場面也越來越喧鬧。這頓午餐或許只花了一百塊錢，卻令人念念不忘、傳頌再三。當然，這位經理人用的是商業午餐的明目報帳，但這根本不是午餐，這是一場慶祝活動。

　　沒錯，我們每天上班都應該要符合常規並遵守秩序，但還是要保有冒險、做傻事，以及少許建設性混亂的空間。

38
自由電子

在我們祖父母那一代，工作通常侷限在企業的框架之下：你為一家公司工作，打卡，定時上下班，領薪水，日復一日。在你之上的人都備受尊敬與服從：「是，長官，我馬上處理，長官。」這似乎不像是值得投入一輩子的工作——倒比較像一份差事。但情況變了：

> 我的大學室友辦過一場同學會，當晚出席的二十人當中，只有一人做的是一般字面上所謂的「差事」，其他人有的自己當老闆，有的自由接案，有的做外包服務，有的從事其他非傳統模式的工作。
>
> ——狄馬克

家庭工業現象

這年頭，我們這一輩在工作上很多都是以家庭工業企業家自居，這已不算什麼大新聞。寫程式、設計工作，有時連管理，以論天、論

週，甚至論年計費，把自己的時間外包出去，現在還有專門為這些個體戶與徵才組織牽線的仲介。

　　某些很傳統的公司與機構發現自己正在跟個體戶做生意，或許，這些公司還是比較喜歡自己雇人，而不願跟這些包商或自由業者打交道，但辦得到嗎？專業服務一直是賣方市場，到最後做成生意的還是這幾十家小公司，像是「威廉・亞龍諾暨合夥人」（根本沒有合夥人，只有比爾），或「胖城市聰明公司」。這些不得不找來共事的傢伙有些還挺古怪的：他們想工作就工作，可能做完一個案子，就放兩三個月滑雪假。天啊，真是太不專業了。

　　假如你是業界的龍頭老大，對這種家庭工業現象可能蠻受不了的，這些企業家不僅驕傲自大，而且對你的員工做的都是非常錯誤的示範，他們享有更多自由、更多休假、更多工作選擇，他們也有更多樂趣，還經常賺更多錢。

榮譽會員、大師，以及內部企業家

　　為了讓自己最優秀的員工不致成為家庭工業現象的一員，組織勢必提供更吸引人的內部調職方案，這方面的壓力可說是與日俱增。其中一種選擇，就是責任定義鬆散、允許個人自行決定工作內容的職位，派職令上可能寫著「調查二十一世紀的新方法」、「蒐集新穎又有趣的訓練程序」或「為開發人員設計一套理想的工作站組合」。

　　最極端的情況下，派職令就像一張空白支票。假如貴公司有幸旗下正好有一位本身成就動機非常強的超級員工，上面就乾脆寫著「請自行決定工作內容」。我們的同事史蒂夫・麥克梅納明（Steve

McMenamin）把這種員工叫做「自由電子」，因為他們在選擇自己的工作軌道上扮演了強勢角色。

　　設立更多自由電子職位，不單是為了對抗來自家庭工業的威脅，在健全的現代公司裡，之所以會有那麼多大師、榮譽會員、內部企業家（intrapreneurs）、內部顧問，就是因為公司可以從這些人身上獲益，他們對組織的貢獻遠超過組織所給他們的，他們拼了命，也要讓公司覺得為他們設立這些職位很值得。以下是我們各方同行的現身說法，分享他們在接近職場生涯顛峰時，在健全公司中擔任顧問工作的心得：

> 無論要到哪裡、做哪些事，幾乎都是由我自行決定。管理階層認為，應該要有人探究公司目前尚未涉獵的方向，於是我便來做這件編制外的事，這讓我一頭鑽進了技術導入的業務，持續留意在技術上有什麼新方法可以幫助我們。這個職位使我對公司更加忠誠，倒是對資訊科學的老本行越來越不忠誠──不過，好點子無論來自何處，都會受到歡迎。我對成功的定義在於能為公司帶來多少價值，彷彿把公司當成個人事業。許多人都具有內部企業家的天分，你該做的就是把這些人找出來，讓他們去當內部企業家。
>
> ──麥可・馬許特（Michael L. Mushet）
> 技術研發經理
> 南加州愛迪生電力公司

我來到公司後擔任過不少職位，其中，在我來之前就存在的職位只有一個，從那之後，我都是自行定義自己的職位，這方面有相當大的自由。或多或少，公司裡總有人願意出來提倡新領域中有意義的工作，如果運

作得很好，管理高層就會導入人，而非導入概念，這個人將負責定義並推銷這個概念。對於廣泛性的目標，每個人都有責任，也都有追求的自由。

              ——李察‧布蘭頓（Richard Branton）

                        數據行政資訊服務部經理

                                   南方公司

當員工主動積極，並在某種程度上讓現實引導工作方向，這種方式會很有效。為了公司的利益著想，我不斷被拉回現實。許多純研究都落得無疾而終——保持專注於應用科技很重要，因為應用科技永遠都對組織有用。工作職責定義鬆散也有壞處，全錄公司就是一例，某些優秀員工感覺公司永遠不會採用他們〔在帕洛阿圖研究中心〕所想出來的好點子，於是他們就離職了。

                ——比爾‧波漢（Bill Bonham）

                                榮譽會員

                      MicroSage 電腦系統公司

不需要父母的指導

在蘇聯社會中，特別是共產黨員之間，有一種相當普遍的生活諮詢制度，幾乎每個人都配屬一位諮詢師，每週見一次面，協助做生活上的決定、解決婚姻和生涯問題，以維持人民政治觀點的一致。這種諮詢師就像父母的角色一樣。

對西方人來說，這簡直就是騷擾。我們認為，個人的需求應由個

人解決，或至少擁有選擇是否、何時、找誰諮詢的自由。然而，好好的個人主義到了職場上卻不見蹤影，我們所接受的，是所有人都需要上級明確指示的教誨，大多數人的確如此——喜歡老闆講清楚要達成哪些目標才算成功。大多數人都需要明確定義工作內容，但對於不吃這一套的人，則另當別論。

　　最佳經理人的特徵，就是有能力找出少數兼具遠見與成熟的關鍵人物，然後任其自由發揮。這類經理人知道，真的犯不著對天生的自由電子下達指令，怎麼做對組織最有利，自由電子已進化到按照自己的步調來做，這還比聽命於上級的指令更不容易出錯。是讓他們自由發揮的時候了。

39
霍爾格・丹斯克

我們已經把企業和專案走對和走錯的各種狀況寫成一系列短文，集結成這本書，要是夠切中要領的話，應該至少會有幾篇短文反映出你的狀況。每一章，即使是最愁雲慘霧的一章，都提供了若干處方建議，讓你可以用合理的做法來重建專案、部門、或整個組織。當然，光靠這些處方是不夠的，但總是一個開始，包括鼓勵去挑戰傢俱糾察隊、對抗企業的熵、打敗團隊殺手、提高產品品質（即使時間不允許）、廢除帕金森定律、擺脫制式的方法論、提升 E 因子、敞開心胸，以及做其他許多事情的主人。

不難想像，專心做好上述的其中一項改變，比較有可能成功，假如一次試太多，你的力量就會分散，惹出的風波所造成的混亂將超過建設，同事和上頭的主管可能會把你當成牢騷滿腹的人。一項改變就夠了，即使是貴公司社會學上單一的一項實質改變，都是一大成就。

但為何是我？

要一個人發動一次改革，的確是強人所難，你若深思熟慮後，覺

得何必淌這混水,也是很自然的反應,畢竟,你何德何能,幹嘛跟新
方法論或規畫新辦公室空間設施的勢力過不去呢?你真的夠強嗎?

　　前幾年,有一位知名鬥牛士叫厄爾‧柯多比斯(El Cordobes),
他很有領袖魅力,媒體也經常報導他的個人生活與專業生涯,有次採
訪,記者問他平常都做什麼運動來維持鬥牛所需的體力。

　　「運動?」

　　「對呀!比如說,慢跑或舉重,維持體能啊。」

　　「我想你搞錯了,朋友,我又不是要跟牛摔角。」

　　我們所提倡的改革,成功的關鍵也不是要跟牛摔角,要摔角,你
當然不夠強壯。

　　單獨行動不太可能締造出有意義的改變,其實也不必單獨行動,
當情況糟到令人受不了時(像工作場所實在太吵了),不用費多大力
氣就能激起眾人的關心,從此以後,就不只是你,而是所有人的問題
了。

沉睡的巨人

　　科諾堡(Kronborg)古堡位於丹麥哥本哈根北方,只要花幾塊
丹麥幣就能造訪古堡,瞧瞧丹麥傳說中的沉睡巨人霍爾格‧丹斯克
(Holgar Dansk)。霍爾格在承平時期處於沉睡狀態,一旦國難當頭便
會立刻甦醒,向世人展現其駭人的憤怒。丹麥小學生躡手躡腳地望著
霍爾格長十四英呎的臥姿,他的盾與劍就在身旁,盔甲也已就緒。孩

子們輕聲細語——深怕吵醒沉睡中的巨人，但他們都很高興能有巨人相伴。

貴公司可能也有一位沉睡的巨人，在公司危難之際便會甦醒，所謂危難，就是熵值太高、太缺乏常識，至於巨人，就是你同事、部屬，以及即使理性也即將失去耐性的男男女女，他們就算不是偉大的組織思想家，也會分辨什麼是蠢事，有些嚴重傷害工作場所環境與社會學的事，還真的是非常蠢。

喚醒霍爾格

喚醒巨人不必費什麼勁，假如蠢事夠蠢，只要一點點催化劑即可，也許是小小的一聲「無法接受」，大家知道這是事實，只要堅決地說出口，他們就再也無法置若罔聞。

這或許過於理想，但你不會是第一個喚醒公司沉睡巨人的人：

- 某大政府機構整個部門的舊式電話鈴全部被衛生紙塞住，從此再也聽不到吵鬧的鈴聲——只有溫柔的嗚嗚聲（莫非是沉睡巨人的呢喃？）。

- 加州有一家電腦公司，位於程式設計師工作區的廣播系統遭遇不明人士襲擊，廣播線路不斷被剪斷。由於程式設計師的座位直接就用來當作裝配區，所以天花板（以及廣播系統的喇叭）足足有十六呎高。誰能爬到那麼高呢？也許是沉睡的巨人。

- 明尼阿波利斯的一位大型專案的經理人，拒絕將部屬搬遷到新總部（此例中的「新」，意味更小、更吵）。管理階層對此大感詫

異，他們完全沒想到會遭拒，員工本該聽命行事才對呀。這名經
理人卻有不同的理論，他說員工本該好好工作，根據蒐集到的證
據，充分顯示他的團隊無法在新環境裡好好工作，所以，基於經
理人的職責，就是要說不。假如自始至終只有這位經理人反對搬
遷，他的立論恐怕很容易就被壓制，所幸，他並非孤軍奮戰。他
有沉睡的巨人相伴。

● 一家澳洲公司再也不指派團隊了，但允許個人自行組隊。這家公
司的員工可以自願與另兩名同事同在一起，而公司則會指派這三
人為一支團隊。若非沉睡的巨人略施壓力，怎麼可能會有這種事
情發生。

你要是對書中任何人物特寫報以悔恨的微笑，現在是停止微笑、
採取矯正行動的時候了。社會學比科技、甚至金錢還重要，工作應該
是具有生產力、充滿樂趣的事，若非如此，便不值得投注心力。請慎
選你所要改造的領域，蒐集事實，起身發言，你一定能啟動改變……
因為有沉睡的巨人相助。

索引

譯後記

我很佩服原作者Tom DeMarco和Timothy Lister，到了退休年齡，卻熱情不減，還願意把舊作從頭到尾檢視一遍，換掉過時的，並加入新的進展，使這本老書繼續保持在最年輕的狀態。基於譯者的使命感，只能義無反顧地承接這次翻譯工作。

以下這張表，是翻譯過程中的副產品，我想對第二版的老讀者應該會有點幫助：

第三版章節	對應至第二版章節
獻詞	獻詞（不變）
中文版序	中文版序（全新）
Preface to the Chinese Edition	Preface to the Chinese Edition（全新）
	致謝（刪除）
	第二版序（刪除）
	初版序（刪除）
前言	（全新）
第一部　管理人力資源	第一部（不變）
1　當下，有個專案即將失敗	1（微調）

2　做起司漢堡，賣起司漢堡	2（微調）
3　維也納等著你	3（微調）
4　品質——倘若時間允許	4（微調）
5　重審帕金森定律	5（微調）
6　苦杏仁素	6（微調）
第二部　辦公室環境	第二部（微調）
7　傢俱糾察隊	7（微調）
8　「從上午九點到下午五點根本做不了任何事」	8（微調）
9　在空間上省錢	9（微調）
插曲：生產力評量與幽浮	插曲（微調）
10　腦力時間與身體時間	10（微調）
11　電話	11（最後有一大段換掉）
12　把門找回來	12（微調）
13　雨傘步（辦公空間的永恆之道）	13（微調）
第三部　適任的人	第三部（不變）
14　霍布洛爾因素	14（微調）
15　談領導	（全新）
16　雇用雜耍小丑	15（微調）
17　好好相處	（全新）
18　童年末日	（全新）
19　很高興能待在這裡	16（微調）
20　人力資本	31（微調）
第四部　培育高生產力的團隊	第四部（微調）
21　一加一大於二	18（微調）

22	黑色團隊	19（微調）
23	團隊殺手	20（微調）
24	再談團隊殺手	27（微調）
25	競爭	28（微調）
26	義大利麵晚餐	21（不變）
27	敞開心胸	22（微調）
28	團隊形成的化學作用	23（微調）
第五部　肥沃的土壤		（全新）
29	自我修復的系統	17（微調）
30	與風險共舞	（全新）
31	會議、個人秀與會談	（全新）
32	終極的管理罪惡是……	33（配合新增的31章修改）
33	電子郵件之惡	（全新）
34	讓改變發生	30（微調）
35	組織學習	32（微調）
36	打造社區	34（微調）
第六部　在此工作應是樂事一椿		第五部（不變）
37	混亂與秩序	24（微調）
38	自由電子	25（微調）
39	霍爾格・丹斯克	26（微調）
		29　流程改善計畫（刪除）
		註釋（刪除）
		參考文獻（刪除）
索引		（調整）
譯後記		譯後記（換新）

　　如果您發現任何漏譯、誤譯、錯別字，或有任何建議，歡迎來信告訴我：cii@ms1.hinet.net

錢一一

中山科學研究院

2014年6月

經濟新潮社	〈經營管理系列〉		
書　號	書　　　名	作　者	定價
QB1148	向上管理・向下管理：埋頭苦幹沒人理，出人頭地有策略，承上啟下、左右逢源的職場聖典	蘿貝塔・勤斯基・瑪圖森	380
QB1149	企業改造（修訂版）：組織轉型的管理解謎，改革現場的教戰手冊	三枝匡	550
QB1150	自律就是自由：輕鬆取巧純屬謊言，唯有紀律才是王道	喬可・威林克	380
QB1151	高績效教練：有效帶人、激發潛力的教練原理與實務（25週年紀念增訂版）	約翰・惠特默爵士	480
QB1152	科技選擇：如何善用新科技提升人類，而不是淘汰人類？	費維克・華德瓦、亞歷克斯・沙基佛	380
QB1153	自駕車革命：改變人類生活、顛覆社會樣貌的科技創新	霍德・利普森、梅爾芭・柯曼	480
QB1154	U型理論精要：從「我」到「我們」的系統思考，個人修練、組織轉型的學習之旅	奧圖・夏默	450
QB1155	議題思考：用單純的心面對複雜問題，交出有價值的成果，看穿表象、找到本質的知識生產術	安宅和人	360
QB1156	豐田物語：最強的經營，就是培育出「自己思考、自己行動」的人才	野地秩嘉	480
QB1157	他人的力量：如何尋求受益一生的人際關係	亨利・克勞德	360
QB1158	2062：人工智慧創造的世界	托比・沃爾許	400
QB1159	機率思考的策略論：從消費者的偏好，邁向精準行銷，找出「高勝率」的策略	森岡毅、今西聖貴	550
QB1160	領導者的光與影：學習自我覺察、誠實面對心魔，你能成為更好的領導者	洛麗・達絲卡	380
QB1161	右腦思考：善用直覺、觀察、感受，超越邏輯的高效工作法	內田和成	360
QB1162	圖解智慧工廠：IoT、AI、RPA如何改變製造業	松林光男審閱、川上正伸、新堀克美、竹內芳久編著	420
QB1163	企業的惡與善：從經濟學的角度，思考企業和資本主義的存在意義	泰勒・柯文	400

書　號	書　　　名	作　　者	定價
QB1127	【戴明管理經典】新經濟學：產、官、學一體適用，回歸人性的經營哲學	愛德華・戴明	450
QB1129	系統思考：克服盲點、面對複雜性、見樹又見林的整體思考	唐內拉・梅多斯	450
QB1131	了解人工智慧的第一本書：機器人和人工智慧能否取代人類？	松尾豐	360
QB1132	本田宗一郎自傳：奔馳的夢想，我的夢想	本田宗一郎	350
QB1133	BCG頂尖人才培育術：外商顧問公司讓人才發揮潛力、持續成長的祕密	木村亮示、木山聰	360
QB1134	馬自達Mazda技術魂：駕馭的感動，奔馳的祕密	宮本喜一	380
QB1135	僕人的領導思維：建立關係、堅持理念、與人性關懷的藝術	麥克斯・帝普雷	300
QB1136	建立當責文化：從思考、行動到成果，激發員工主動改變的領導流程	羅傑・康納斯、湯姆・史密斯	380
QB1137	黑天鵝經營學：顛覆常識，破解商業世界的異常成功個案	井上達彥	420
QB1138	超好賣的文案銷售術：洞悉消費心理，業務行銷、社群小編、網路寫手必備的銷售寫作指南	安迪・麥斯蘭	320
QB1139	我懂了！專案管理（2017年新增訂版）	約瑟夫・希格尼	380
QB1140	策略選擇：掌握解決問題的過程，面對複雜多變的挑戰	馬丁・瑞夫斯、納特・漢拿斯、詹美賈亞・辛哈	480
QB1141	別怕跟老狐狸說話：簡單說、認真聽，學會和你不喜歡的人打交道	堀紘一	320
QB1143	比賽，從心開始：如何建立自信、發揮潛力，學習任何技能的經典方法	提摩西・高威	330
QB1144	智慧工廠：迎戰資訊科技變革，工廠管理的轉型策略	清威人	420
QB1145	你的大腦決定你是誰：從腦科學、行為經濟學、心理學，了解影響與說服他人的關鍵因素	塔莉・沙羅特	380
QB1146	如何成為有錢人：富裕人生的心靈智慧	和田裕美	320
QB1147	用數字做決策的思考術：從選擇伴侶到解讀財報，會跑Excel，也要學會用數據分析做更好的決定	GLOBIS商學院著、鈴木健一執筆	450

経済新潮社 〈經營管理系列〉

書　號	書　　　名	作　者	定價
QB1101	體驗經濟時代（10週年修訂版）：人們正在追尋更多意義，更多感受	約瑟夫・派恩、詹姆斯・吉爾摩	420
QB1102X	最極致的服務最賺錢：麗池卡登、寶格麗、迪士尼都知道，服務要有人情味，讓顧客有回家的感覺	李奧納多・英格雷利、麥卡・所羅門	350
QB1105	CQ文化智商：全球化的人生、跨文化的職場——在地球村生活與工作的關鍵能力	大衛・湯瑪斯、克爾・印可森	360
QB1107	當責，從停止抱怨開始：克服被害者心態，才能交出成果、達成目標！	羅傑・康納斯、湯瑪斯・史密斯、克雷格・希克曼	380
QB1108X	增強你的意志力：教你實現目標、抗拒誘惑的成功心理學	羅伊・鮑梅斯特、約翰・堤爾尼	380
QB1109	Big Data大數據的獲利模式：圖解・案例・策略・實戰	城田真琴	360
QB1110	華頓商學院教你活用數字做決策	理查・蘭柏特	320
QB1111C	V型復甦的經營：只用二年，徹底改造一家公司！	三枝匡	500
QB1112	如何衡量萬事萬物：大數據時代，做好量化決策、分析的有效方法	道格拉斯・哈伯德	480
QB1114	永不放棄：我如何打造麥當勞王國	雷・克洛克、羅伯特・安德森	350
QB1115	工程、設計與人性：為什麼成功的設計，都是從失敗開始？	亨利・波卓斯基	400
QB1117	改變世界的九大演算法：讓今日電腦無所不能的最強概念	約翰・麥考米克	360
QB1120X	Peopleware：腦力密集產業的人才管理之道（經典紀念版）	湯姆・狄馬克、提摩西・李斯特	460
QB1121	創意，從無到有（中英對照×創意插圖）	楊傑美	280
QB1123	從自己做起，我就是力量：善用「當責」新哲學，重新定義你的生活態度	羅傑・康納斯、湯姆・史密斯	280
QB1124	人工智慧的未來：揭露人類思維的奧祕	雷・庫茲威爾	500
QB1125	超高齡社會的消費行為學：掌握中高齡族群心理，洞察銀髮市場新趨勢	村田裕之	360
QB1126	【戴明管理經典】轉危為安：管理十四要點的實踐	愛德華・戴明	680

書　號	書　名	作　者	定價
QB1059C	金字塔原理Ⅱ：培養思考、寫作能力之自主訓練寶典	芭芭拉·明托	450
QB1061	定價思考術	拉斐·穆罕默德	320
QB1062X	發現問題的思考術	齋藤嘉則	450
QB1063	溫伯格的軟體管理學：關照全局的管理作為（第3卷）	傑拉爾德·溫伯格	650
QB1069X	領導者，該想什麼？：運用MOI（動機、組織、創新），成為真正解決問題的領導者	傑拉爾德·溫伯格	450
QB1070X	你想通了嗎？：解決問題之前，你該思考的6件事	唐納德·高斯、傑拉爾德·溫伯格	320
QB1071X	假說思考：培養邊做邊學的能力，讓你迅速解決問題	內田和成	360
QB1075X	學會圖解的第一本書：整理思緒、解決問題的20堂課	久恆啟一	360
QB1076X	策略思考：建立自我獨特的insight，讓你發現前所未見的策略模式	御立尚資	360
QB1080	從負責到當責：我還能做些什麼，把事情做對、做好？	羅傑·康納斯、湯姆·史密斯	380
QB1082X	論點思考：找到問題的源頭，才能解決正確的問題	內田和成	360
QB1083	給設計以靈魂：當現代設計遇見傳統工藝	喜多俊之	350
QB1089	做生意，要快狠準：讓你秒殺成交的完美提案	馬克·喬那	280
QB1091	溫伯格的軟體管理學：擁抱變革（第4卷）	傑拉爾德·溫伯格	980
QB1092	改造會議的技術	宇井克己	280
QB1093	放膽做決策：一個經理人1000天的策略物語	三枝匡	350
QB1094	開放式領導：分享、參與、互動——從辦公室到塗鴉牆，善用社群的新思維	李夏琳	380
QB1095X	華頓商學院的高效談判學（經典紀念版）：讓你成為最好的談判者！	理查·謝爾	430
QB1098	CURATION策展的時代：「串聯」的資訊革命已經開始！	佐佐木俊尚	330
QB1100	Facilitation引導學：創造場域、高效溝通、討論架構化、形成共識，21世紀最重要的專業能力！	堀公俊	350

經濟新潮社 〈經營管理系列〉

書號	書名	作者	定價
QB1008	殺手級品牌戰略：高科技公司如何克敵致勝	保羅・泰柏勒、李國彰	280
QB1015X	六標準差設計：打造完美的產品與流程	舒伯・喬賀瑞	360
QB1016X	我懂了！六標準差設計：產品和流程一次OK！	舒伯・喬賀瑞	260
QB1021X	最後期限：專案管理101個成功法則	湯姆・狄馬克	360
QB1023	人月神話：軟體專案管理之道	Frederick P. Brooks, Jr.	480
QB1024X	精實革命：消除浪費、創造獲利的有效方法（十週年紀念版）	詹姆斯・沃馬克、丹尼爾・瓊斯	550
QB1026	與熊共舞：軟體專案的風險管理	湯姆・狄馬克、提摩西・李斯特	380
QB1027X	顧問成功的祕密（10週年智慧紀念版）：有效建議、促成改變的工作智慧	傑拉爾德・溫伯格	400
QB1028X	豐田智慧：充分發揮人的力量（經典暢銷版）	若松義人、近藤哲夫	340
QB1041	要理財，先理債	霍華德・德佛金	280
QB1042	溫伯格的軟體管理學：系統化思考（第1卷）	傑拉爾德・溫伯格	650
QB1044	邏輯思考的技術：寫作、簡報、解決問題的有效方法	照屋華子、岡田惠子	300
QB1044C	邏輯思考的技術：寫作、簡報、解決問題的有效方法（限量精裝珍藏版）	照屋華子、岡田惠子	350
QB1045	豐田成功學：從工作中培育一流人才！	若松義人	300
QB1046	你想要什麼？：56個教練智慧，把握目標迎向成功	黃俊華、曹國軒	220
QB1047X	精實服務：將精實原則延伸到消費端，全面消除浪費，創造獲利	詹姆斯・沃馬克、丹尼爾・瓊斯	380
QB1049	改變才有救！：培養成功態度的57個教練智慧	黃俊華、曹國軒	220
QB1050	教練，幫助你成功！：幫助別人也提升自己的55個教練智慧	黃俊華、曹國軒	220
QB1051X	從需求到設計：如何設計出客戶想要的產品（十週年紀念版）	唐納德・高斯、傑拉爾德・溫伯格	580
QB1052C	金字塔原理：思考、寫作、解決問題的邏輯方法	芭芭拉・明托	480
QB1053X	圖解豐田生產方式	豐田生產方式研究會	300
QB1055X	感動力	平野秀典	250
QB1058	溫伯格的軟體管理學：第一級評量（第2卷）	傑拉爾德・溫伯格	800

書　號	書　　　名	作　　者	定價
QD1024	**過度診斷**：我知道「早期發現、早期治療」，但是，我真的有病嗎？	H・吉爾伯特・威爾奇、麗莎・舒華茲、史蒂芬・沃洛辛	380
QD1025	**自我轉變之書**：轉個念，走出困境，發揮自己力量的12堂人生課	羅莎姆・史東・山德爾、班傑明・山德爾	360
QD1026	**教出會獨立思考的小孩**：教你的孩子學會表達「事實」與「邏輯」的能力	苅野進、野村龍一	350
QD1027	**從一到無限大**：科學中的事實與臆測	喬治・加莫夫	480
QD1028	**父母老了，我也老了**：悉心看顧、適度喘息，關懷爸媽的全方位照護指南	米利安・阿蘭森、瑪賽拉・巴克・維納	380
QD1029	**指揮家之心**：為什麼音樂如此動人？指揮家帶你深入音樂表象之下的世界	馬克・維格斯沃	400
QD1030	**關懷的力量**（經典改版）	米爾頓・梅洛夫	300
QD1031	**療癒心傷**：凝視內心黑洞，學習與創傷共存	宮地尚子	380
QD1032	**英文的奧妙**：從拼字、文法、標點符號到髒話，《紐約客》資深編輯的字海探險	瑪莉・諾里斯	380
QD1033	**希望每個孩子都能勇敢哭泣**：情緒教育，才是教養孩子真正的關鍵	大河原 美以	330

書　號	書　　　名	作　　者	定價
QD1001	想像的力量：心智、語言、情感，解開「人」的祕密	松澤哲郎	350
QD1002	一個數學家的嘆息：如何讓孩子好奇、想學習，走進數學的美麗世界	保羅‧拉克哈特	250
QD1004	英文寫作的魅力：十大經典準則，人人都能寫出清晰又優雅的文章	約瑟夫‧威廉斯、約瑟夫‧畢薩普	360
QD1005	這才是數學：從不知道到想知道的探索之旅	保羅‧拉克哈特	400
QD1006	阿德勒心理學講義	阿德勒	340
QD1007	給活著的我們‧致逝去的他們：東大急診醫師的人生思辨與生死手記	矢作直樹	280
QD1008	服從權威：有多少罪惡，假服從之名而行？	史丹利‧米爾格蘭	380
QD1009	口譯人生：在跨文化的交界，窺看世界的精采	長井鞠子	300
QD1010	好老師的課堂上會發生什麼事？——探索優秀教學背後的道理！	伊莉莎白‧葛林	380
QD1011	寶塚的經營美學：跨越百年的表演藝術生意經	森下信雄	320
QD1012	西方文明的崩潰：氣候變遷，人類會有怎樣的未來？	娜歐蜜‧歐蕾斯柯斯、艾瑞克‧康威	280
QD1014	設計的精髓：當理性遇見感性，從科學思考工業設計架構	山中俊治	480
QD1015	時間的形狀：相對論史話	汪潔	380
QD1017	霸凌是什麼：從教室到社會，直視你我的暗黑之心	森田洋司	350
QD1018	編、導、演！眾人追看的韓劇，就是這樣誕生的！：《浪漫滿屋》《他們的世界》導演暢談韓劇製作的祕密	表民秀	360
QD1019	多樣性：認識自己，接納別人，一場社會科學之旅	山口一男	330
QD1020	科學素養：看清問題的本質、分辨真假，學會用科學思考和學習	池內了	330
QD1021	阿德勒心理學講義2：兒童的人格教育	阿德勒	360
QD1023	老大人陪伴指南：青銀相處開心就好，想那麼多幹嘛？	三好春樹	340

國家圖書館出版品預行編目資料

Peopleware：腦力密集產業的人才管理之道／
湯姆·狄馬克（Tom DeMarco），提摩西·李
斯特（Timothy Lister）著；方亞瀾, 錢一一
譯. -- 三版. -- 臺北市：經濟新潮社出版：家
庭傳媒城邦分公司發行, 2020.10
　　面；　公分. --（經營管理；120）
經典紀念版
　譯自：Peopleware: productive projects and
teams, 3rd ed.
　ISBN 978-986-99162-4-0（平裝）

1.人力資源管理　2.組織管理　3.專案管理

494.3　　　　　　　　　　　　　109014899